双低油菜新品种与栽培技术

编 著 者

赵庆华　陶雪娟　李秀玲　杨献中
孙光兴　许燕妮　张建敏　陈建华

U0208752

金盾出版社

内 容 提 要

本书由上海市农科院科技情报研究所赵庆华研究员等编著。内容包括双低油菜的生长发育、新品种介绍、对营养素的需要、移植高产栽培技术、直播高产栽培技术、双低春油菜栽培技术、病虫害防治以及推广种植双低油菜的作用和意义。内容丰富实用,文字通俗易懂,可供农业技术推广工作者和广大农户阅读,也可供农业教育、科研、管理工作者参考。

图书在版编目(CIP)数据

双低油菜新品种与栽培技术/赵庆华等编著．—北京:金盾出版社,2003.8
ISBN 978-7-5082-2572-2

Ⅰ．双… Ⅱ．赵… Ⅲ．油菜-蔬菜园艺 Ⅳ．S634.3

中国版本图书馆 CIP 数据核字(2003)第 050416 号

金盾出版社出版、总发行
北京太平路 5 号(地铁万寿路站往南)
邮政编码:100036 电话:68214039 83219215
传真:68276683 网址:www.jdcbs.cn
封面印刷:北京精美彩印有限公司
正文印刷:国防工业出版社印刷厂
装订:大亚装订厂
各地新华书店经销
开本:787×1092 1/32 印张:8.125 字数:182 千字
2010 年 10 月第 1 版第 4 次印刷
印数:22001—27000 册 定价:13.00 元
(凡购买金盾出版社的图书,如有缺页、
倒页、脱页者,本社发行部负责调换)

前　言

　　改革开放以来,人民生活水平有了很大提高。同时,人们对食品品质的要求越来越高,同样对食用菜籽油也要求对人体有益的油酸和亚油酸含量很高,而对人体无益的芥酸和菜籽饼粕中对禽畜有毒的硫苷葡萄糖苷含量很低,甚至为零。

　　我国是世界油菜主要生产国,油菜种植面积和总产量均居世界首位,并提供全国食用植物油的50%左右。我国从20世纪80年代逐步发展双低(低芥酸、低硫苷)优质油菜生产,虽然起步晚,但发展速度非常快。目前,各育种单位已选育出一大批双低优质油菜新品种,应用于生产。1998年全国优质油菜品种种植面积已突破267万公顷,其中双低油菜比重达80%以上。我国双低杂交油菜生产已跃居世界领先地位。

　　菜籽油和豆油、葵花籽油、花生油、棉籽油组成世界五大食用植物油,约占世界食用植物油总量的88.8%(1993年统计),其中菜籽油约占18.9%,仅次于豆油,居第二位。20世纪80年代以来,世界油菜增长了1.6倍,大大超过其他油料作物增长速度(根据1995年统计)。在世界油料出口中,油菜籽占13%,菜籽油占10.3%,菜籽饼占9%,仅次于大豆,分别居第二位。20世纪80年代以来,在世界油菜籽贸易中绝大部分是双低油菜籽,出口量最大的国家是加拿大,约占世界油菜籽贸易总量的60%左右。加拿大的油菜籽生产,已普及双低品种,并为本国提供56%的优质食用油和30%的优质饲料蛋白,双低油菜籽的45%及其产品的50%出口到美国、日本、欧洲及其他各国市场。在我国,大力发展种植双低油菜,对于增加农民收入,占领国际市场都是非常必要的。

本书旨在促进双低油菜的发展,着重编写两大部分。一是选择种植育种单位已育成双低油菜新品种;二是采用双低油菜高产栽培技术,使之最大限度地发挥双低油菜新品种的增产潜力。

在编写过程中,得到中国农业科学院油料科学研究所等各育成单位的大力帮助和支持。同时,还得到上海市农业科学院作物育种栽培研究所双低油菜育种专家孙超才先生的大力支持,在此表示衷心感谢!但由于我们水平有限,资料不足,书中难免有缺点错误,恳请读者批评指正。

编　者

2003 年 3 月

目　录

一、推广种植双低油菜的作用和意义

（一）世界油菜生产发展状况

据国家统计局国际统计信息中心最新统计,2000年全世界油菜收获面积为2 684.5万公顷,油菜籽总产量为3 951.9万吨,平均单产为1 472千克/公顷(见表1)。近半个世纪以来,油菜生产呈上升势头,与1950年相比面积增长458%,平均年增长率9.2%,总产量增长1 431.7%,平均年增长率达28.6%,单产增长174.6%,平均年增长率3.59%。油菜生产遍及五大洲,种植面积大小顺序为:亚洲＞北美洲＞欧洲＞大洋洲＞非洲＞南美洲;单产大小顺序为:欧洲＞南美洲＞北美洲＞大洋洲＞亚洲＞非洲;总产大小顺序为:亚洲＞欧洲＞北美洲＞大洋洲＞非洲＞南美洲。

表1   2000年世界油菜生产情况

地　区	总产(万吨)	面积(万公顷)	单产(千克/公顷)
全世界	3951.9	2684.5	1472
亚　洲	1744.3	1479.2	1179
北美洲	798.7	544.8	1466
南美洲	8.8	4.7	1872
欧　洲	1201.4	487.1	2466
大洋洲	180.4	151.4	1192
非　洲	18.4	17.2	1067

中国、印度、加拿大、法国、德国、澳大利亚和英国是世界七大油菜主产国,总产量均达 100 万吨以上,其合计种植面积达 2 397.9 万公顷,占世界油菜总面积的 85.9%。我国的种植面积和总产均居世界首位,而单产则以德国为最高(见表 2)。

表 2　2000 年世界七大油菜主产国生产情况

国　家	总产(万吨)	面积(万公顷)	单产(千克/公顷)
中　国	1080.0	780.0	1385
印　度	612.0	632.0	968
加拿大	708.6	485.5	1460
法　国	359.6	122.0	2948
德　国	340.5	108.0	3152
英　国	117.2	45.0	2604
澳大利亚	180.0	151.2	1191

目前世界上,油菜发展潜力较大的国家是澳大利亚和美国。澳大利亚的油菜生产开始于 20 世纪 60 年代后期,但 20 世纪 70 年代受到黑胫病的严重影响而停顿,后来以抗黑胫病为重点的育种取得突破,至今种植面积已超过 150 万公顷,油菜已成为仅次于小麦、大麦的第三大作物。油菜进一步发展的潜力还很大,主要原因是:开发利用了抗 triazine 除草剂的油菜品种,扩大了油菜在双子叶杂草滋生地区的种植规模;农民可获得较高的经济效益;油菜是与大、小麦轮茬的最好作物之一;优质菜油受到国内消费者的欢迎。美国于 1985 年开始发展油菜生产,2000 年种植面积为 59.2 万公顷,主要集中在与加拿大相邻的北达科他州和明尼苏达州。据美国农业部报告,

2001 年种植面积达 76.9 万公顷，2002 年可能突破 100 万公顷。这是因为：双低油菜品质好，饱和脂肪酸含量（<7％）低于大豆油（15％），油酸含量高达 61％，是一种最有益于人体健康的植物油，颇受美国消费者欢迎；种植结构调整的需要，众多跨国种子公司正在开发美国油菜市场。这两个国家油菜的发展，将是我国油菜籽进出口贸易强大的竞争对手。

世界油菜种植面积和总产扩大的过程，从品种应用上来说就是双低油菜从无到有，从少到多普及的过程。除了印度和非洲之外，全球主要油菜种植区域基本普及了双低油菜，形成了巨大的双低油菜产业，双低油菜的产品占领了国际油菜籽及其制品的贸易市场。

（二）我国油菜生产发展现状

1. 种植面积发展较快，单产提高较慢

以 1949 年为基数，我国油菜种植面积在 20 世纪 50 和 60 年代分别扩大 27.7％和 13.6％，70 和 80 年代分别扩大 38.2％和 145.5％，70 年代有所提高，80 年代则增长很快。油菜单产以 1949 年为基数，50 和 60 年代分别降低 4.6％和 1.5％，70 和 80 年代分别提高 34.5％和 136.3％；同期印度、加拿大、西欧、东欧油菜单产分别提高 51.8％，139％，172.3％和 294.9％，高于我国油菜单产增长速度。从 1985～1999 年 15 年来我国油菜生产情况统计表（见表 3）中，就能清楚地了解我国油菜种植面积、平均单产和总产量的发展状况。

表3　1985~1999 年我国油菜生产情况

年　份	种植面积 （万公顷）	平均单产 （千克/667 米^2）	总产量 （万吨）
1985	449.4	83.0	560.4
1986	491.6	80.0	588.1
1987	526.7	84.0	660.5
1988	493.6	68.0	504.4
1989	499.3	73.0	543.6
1990	550.3	84.0	695.8
1991	613.3	80.0	743.6
1992	597.5	85.3	765.3
1993	530.3	87.2	693.9
1994	578.5	86.3	749.9
1995	690.7	94.3	977.7
1996	673.4	91.1	920.1
1997	647.5	98.6	957.8
1998	652.7	84.7	830.1
1999	690.3	96.1	995.4

2. 南方三熟制油菜、北方冬春油菜发展迅速

　　我国南方油菜随着水稻由单季改为双季,到 20 世纪 70 年代初,三熟制油菜种植面积约占油菜总种植面积的 50%,有些地区占到 70%,这是我国油菜生产的独有特点。北方冬油菜从 70 年代开始发展,1978 年以后发展迅速。如河南省 1971 年油菜收获面积仅 2.4 万公顷,每 667 平方米(1 亩,下

同)产 27 千克；1982 年发展到 20.05 万公顷，每 667 平方米产 51 千克；1995 年种植面积达到 27.44 万公顷，每 667 平方米产 105.7 千克。与此同时，西北和北方春油菜发展迅速。如青海省 1949 年油菜种植面积为 2.2 万公顷，1984 年达到 7.6 万公顷，到 1995 年种植面积增加到 14.48 万公顷；黑龙江省现种春油菜面积 6.7 万公顷以上，我国油菜生产形成了南进北移的发展趋势。

3. 油菜品质改良取得了突破性的进展

我国优质油菜育种比国外晚起步 20 年，我国的育种目标是既要优质又要抗病、高产、早熟，这个要求正好与油菜遗传基础相矛盾。虽然难度大，但从"六五"计划到"八五"计划期间，国家组织了 52 个单位近 200 人进行了协作攻关，截至目前为止，全国通过审定的品种 40 余个，其中常规双低品种有：中双 3 号、中双 4 号、中双 5 号、中双 6 号、中双 7 号、华双 2 号、华双 3 号、青油 14 号、黔油双低 1 号、黔油双低 2 号、湘油 13 号、浙优油 2 号、淮宁 2 号、皖油 10 号、沪秀青、白油菜、赣油 12 号；单、双低杂交品种有：华杂 2 号、华杂 3 号、华杂 4 号、中油杂 1 号、中油杂 2 号、蜀杂 1 号、蜀杂 4 号、蜀杂 6 号、油研 5 号、油研 7 号、湘杂 3 号、垦油 1 号、垦油 2 号等。

4. 耕作栽培水平迅速提高

我国长江中游地区水田三熟制油菜的耕作栽培水平有了突破性的发展。中国农业科学院油料作物研究所（简称"中油所"），以湖北省武汉市为试验研究基地，研究出适宜早播、大壮苗移植的油菜"冬发"高产技术，推动了该市油菜生产的发展，使油菜每 667 平方米产量从 1977 年的 24.6 千克提高到

1982 年的 141 千克。低产区的湖北省,1949~1977 年的 29 年,平均每 667 平方米产量从 24.6 千克,提高到 80 年代的 80 千克左右,1990 年达到 101.9 千克,1995 年,其油菜总产量跃居全国之首。高产区的上海市南汇、江苏太仓、川西平原的什邡、广汉、绵竹等县(市),每 667 平方米产量已突破 150 千克。目前,冬油菜和春油菜每 667 平方米最高产量已突破 400 千克。可见,大面积提高油菜单产的潜力还很大,任务还相当艰巨,但前景非常广阔。

(三)我国油菜生产发展中的重大技术改革

油菜的高产潜力是随着品种的改良、生产条件的改善、科学技术的不断进步而逐步提高的。因此,不断选育双低油菜新品种和高产栽培技术的不断创新是我国油菜生产发展中的两项重大技术改革。

1. 不断选育、更换油菜新品种

20 世纪 50 年代初期,我国油菜生产大面积推广应用的主要品种是白菜型油菜。50 年代中期从国外引进甘蓝型油菜——胜利油菜,该品种适应性强、产量高,但生育期太长。50 年代后期至 60 年代以系统育种为主,选育出一批适于我国多熟制的甘蓝型中熟品种,如 322,325,363,川油 9 号,矮架早等,逐步替代了较晚熟的胜利油菜。70 年代以后以杂交育种为主,同时开展辐射育种、激光诱变以及雄性不育系、自交不亲和系及抗、耐病育种。据不完全统计,选育出的甘蓝型油菜品种达 200 多个,对我国油菜生产发展起到了重要作用。例如,通过辐射育种选育出的中、早熟油菜品种甘油 5 号,一般每 667 平方米产量 150 千克,比对照品种甘油 3 号增产 14.7%,至 1982 年种植面积达 23.3 万公顷。杂交育成的湘油 5 号,在湖南推广 6.6 万公顷以上,西南 302 在四川达 13.3 万公顷以上,宁油 7 号在江苏种植面积达 13.3 万公顷,九二一 B 在浙江推广 22.4 万公顷以上。中油 821 自从 1987 年审定后,在长江流域年均推广面积达 200 万公顷以上,成为经久不衰的多抗、高产、适应性强的甘蓝型油菜新品种。

我国于 20 世纪 70 年代后期开展了油菜品质改良攻关育种。近几年来,通过审定的双低油菜品种在全国推广面积均已在 200 万公顷以上。

在油菜杂交优势利用方面,我国已走在世界前列,达到领先水平。国际上第一个通过审定的细胞质雄性不育杂交种油菜秦油 2 号,已在我国大面积推广,最高年种植面积达 73 万公顷以上。我国目前审定的杂交油菜新品种已达 25 个,最近通过审定的华杂 4 号、中油杂 1 号、中油杂 2 号、沪油 15 双低杂交油菜新品种已在大面积推广应用。利用双低杂交种优势进行油菜新品种选育和大面积推广应用,将会大幅度提高我国油菜单产水平,增加油菜总产量。

2. 栽培技术不断创新

(1)改直播为育苗移植　随着 20 世纪 60 年代二籼改粳、70 年代"单改双"等水稻耕作制度的改革,秋播油菜茬口越来越晚,冬前苗小体弱,冻害死苗现象严重,废弃面积大。因此,在全国开展了改直播为育苗移植,利用早茬口或周边空闲地培育大壮苗,在前作收割后及时抢栽。在长江下游地区研究出"冬壮春发"和"冬春双发"的高产经验,科研单位先后在长江中游和上中游地区研究出"冬发"和"秋发"油菜高产技术,对促进大面积油菜生产起到了重要作用。

（2）配方施肥，重视硼肥　在提高氮素用量的基础上研究出氮、磷、钾三要素配方施肥，以促进油菜大面积平衡增产。20世纪70年代初，由于大面积推广甘蓝型油菜，不少地区曾遇到由于土壤缺硼引起的生理病害的严重问题。施用硼肥可以防治病害，尤其是甘蓝型双低品种和杂交品种，对硼的需求量越来越迫切。因此，该项技术已成为一项必需的常规技术。

（3）模式化栽培　为了进一步提高油菜单产，针对油菜生产中的多因素、多水平、多指标，按照自然区划设点进行试验研究，优选出一些适合于不同地区、不同土壤、不同自然条件的高产栽培综合农艺方案，逐步用于油菜大面积生产。

（4）推广应用化学控制、化学除草技术　应用生长调节剂，如多效唑，培育油菜矮壮苗（秧）技术已得到大面积推广应用。推广化学除草技术是控制杂草对油菜危害的一项经济、有效的措施，在田多劳动力少的水稻田油菜产区也得到了广泛应用。

（5）病虫害防治　油菜菌核病对产量影响很大，生产中主要采取农业防治为基础、药剂防治为中心的综合防治方法。对于油菜虫害主要采用药剂为主的防治措施。

（四）我国油菜生产的发展趋势

随着农村种植结构的调整，油菜生产对促进农村经济发展的作用越来越明显，因而油菜生产与栽培技术发展也十分迅速，其主要发展趋势是：

1. 积极推广和选用甘蓝型双低油菜优良品种

我国从 20 世纪 60 年代起,就逐渐实现了用甘蓝型油菜品种替代白菜型品种,使长江中游油菜单产由每 667 平方米 25 千克左右提高到 100 千克的水平。目前,我国甘蓝型油菜品种推广面积很大,如高产、多抗、适应性广的常规油菜品种中油 821 的推广面积达到 150 万公顷左右,杂交油菜品种秦油 2 号达到 73 万公顷以上。近年,我国已培育出一批适合全国不同地区种植的双低油菜新品种。

2. 积极开展油菜杂种优势利用

我国的杂交油菜育种与研究已走在世界的前列,取得了突破性的进展。一般杂交油菜品种可在一般常规品种的基础上增产 10%～15% 以上,是提高我国油菜产量的一项重大举措。相继育成的华杂 2 号、华杂 3 号、华杂 4 号、中油杂 1 号、中油杂 2 号等优质杂交油菜新品种,正在长江中下游地区推广应用,预计今后我国的杂交油菜新品种选育工作将会受到高度重视。

3. 油菜种植区域继续向新区发展

由于种植油菜有诸多好处,且油菜具有适应性强的特点,而在长江流域和南方各省,估计约有 1 000 万公顷可耕地冬闲,如果利用这些冬闲田种植冬油菜,既可改善种植结构,又不影响主要农作物的种植面积,还可改良土壤,增加后茬作物产量。在北方,我国西北和东北各省的春油菜产区不断扩展,因此,油菜向新区以及利用南方冬闲田的发展趋势将在较长一段时间内继续下去。

4. 依靠科技进步,增加市场竞争力

提高我国油菜及其制品的竞争力,必须依靠科技进步,从降低成本、改善品质两个方面着手。一是大力推广实用栽培技术,二是培育和推广优质、高产、耐低肥、抗病虫的新品种,降低生产成本,减少环境污染。与此同时,加强生物技术、信息技术及其他实用新技术的研究与推广力度,提高其在油菜作物生产上的科技应用,从而提高油菜及其制品的竞争力和总体效益。

(五)发展双低油菜的作用和意义

双低油菜也是优质油菜,是低芥酸、低硫苷葡萄糖苷(亦称硫苷)油菜,简称双低油菜(亦称优质油菜)。普通食油由多种脂肪酸组成,对人体有营养价值的如油酸、亚油酸等脂肪酸,而其中含有的芥酸难以被人体吸收,国际上规定菜油中芥酸含量必须低于 5%。常规油菜中油 821 的芥酸含量高达 40% 以上。油菜籽榨油后剩下的菜籽饼中有丰富的蛋白质,但含有高硫代葡萄糖苷,对禽畜有毒,不能直接饲喂。而低硫苷的油菜籽饼对禽畜无毒害,不仅能直接饲喂禽畜且能提高饼粕中蛋白质含量,为食用植物蛋白开辟了新途径,所以国际上双低油菜发展很快。在我国发展双低油菜生产也有着十分重要的作用和意义。

1. 满足城乡居民生活需求

首先,发展双低油菜可从数量上满足城乡居民生活的需求。我国是植物油生产大国,特别是改革开放以来,我国油料

生产有了长足发展,油料总产量从 1995 年的不足 400 万吨,增加到 1999 年 4 000 万吨,年均增长 6.1%。与此同时,随着人民生活水平的提高,我国对植物油的需求一直呈快速上升趋势,生产供应量满足不了消费需求量的增加,始终保持 300 万～400 万吨的缺口。

我国人均油脂的年消费量从 1995 年的 7.95 千克,提高到 1999 年的 9.4 千克,年增长 3.43%;蛋白饼粕的消费量从 1995 年的每人每年 16 千克提高到 1999 年的 21 千克,年均增长 5.68%。但是,我国人均脂肪、蛋白饼粕的消费量仍低于世界平均水平,仅相当于世界平均水平的 63.88% 和 68.74%,不及发达国家的 50%,差距很大。为弥补我国油脂、蛋白饼粕供应的不足,每年需从国外大量进口油脂或油料。仅油脂原料进口从 1995 年的不足 100 万吨,猛增到 1999 年的 1 380 万吨(油脂 300 万～400 万吨)。

据专家预测,2020 年世界人均油脂消费量将达到 17 千克,我国争取达到世界平均水平的 80%,即 13.6 千克;到 2020 年我国人口将达到 15 亿,消费总量将达到 2 040 万吨,是 1999 年(油脂年产量 720 万吨)的 2.83 倍,若保持 30% 的进口比例,国内的生产总量将需要达到 1 430 万吨(是 1999 年的 1.98 倍),供求压力大,油料生产的任务十分艰巨。

发展双低油菜,可以从品质上更大地满足城乡居民生活的需求。双低油菜第一个指标就是油脂中芥酸含量应低于 5%;菜油油脂的主要组成部分为脂肪酸,脂肪酸由油酸、亚油酸、芥酸等组成,油酸、亚油酸是人体能够吸收利用、营养价值很高的部分,并有帮助人体降低血液中胆固醇含量,预防心血管病发生的保健作用。而芥酸因其碳链长而不易被人体吸收分解,并有一定副作用。优质品种菜油与普通品种菜油相比,芥酸含量从 47％下降到 5％以下,而油酸含量相应从 16％上升到 63％,亚油酸含量从 12％上升到 19％,营养和保健价值提高 2 倍。随着经济的发展,人民生活水平不断提高,人们对食油的品质和营养价值要求日益提高,发展双低油菜,无论从数量还是品质上,都符合城乡居民的消费要求。

2. 增强市场竞争力的需求

20 世纪 90 年代以来,全球的植物油脂供求波动较大,渐趋紧张,全球食用植物油供求差距正在拉大,供求余额急骤减小。从总的趋势看,供给将越来越紧张。联合国粮农组织资料显示,2000 年全球动植物油脂需求总量为 10 750 万吨,生产量达到 10 770 万吨(其中植物油 8 712 万吨),供求余额不大。油料的外观品质和内在品质直接制约着对外出口及加工贸易。20 世纪 90 年代以来,我国油料出口呈逐渐下滑的趋势,如 1999 年仅 300 万吨,比 1995 年下降了 200 万吨。导致出口量下降的一个主要原因就是油料的品质问题。

随着我国市场经济进程的不断推进,食用油市场从过去的卖方市场转向买方市场。随着中国加入世贸组织,市场竞争会越来越激烈。因此,改善品种,提高菜油品质,发展双低油菜既符合国内外大趋势,也是提高产品国际竞争力的惟一选择。

3. 提高饲料自给率,实现可持续发展的需求

畜牧业是我国农林生产的主导产业之一,我国饲料产量超过 7 000 万吨,需要豆粕和菜籽饼粕 2 000 多万吨,其中很大一部分还需要进口。菜籽去油后的饼粕,含 35.4％的粗蛋白质,其营养价值本来可以与大豆饼粕相媲美而成为富含蛋白质的优质饲料,但由于普通品种菜籽饼粕中硫苷含量高,其水解物质对除牛等反刍动物以外的其他单胃动物有较强的毒性，而限制了其作为饲料的应用。优质油菜与普通油菜相比，其硫苷含量由每克 135～150 微摩尔降低到毒性临界值的每克 40 微摩尔以下，从而使菜籽饼粕作为高蛋白优质饲料得到直接广泛应用，为发展养殖业提供丰富的高蛋白、低热量饲料资源。

据有关资料介绍，猪、鸡、反刍动物饲料配方成分中，菜籽饼比例分别以 10%～15%，2.5%～5% 及 20%～25% 为宜。按油菜籽出饼率 66.7% 计算，如果全国普及双低油菜，则每年将有 4 000 万吨左右的无毒菜籽饼资源，对畜牧业和饲料工业发展产生巨大的影响。因此，发展双低油菜，充分利用菜籽饼粕，对饲料粮紧缺的我国，具有重要的现实意义，符合可持续发展战略。

4. 优化种植结构的需要

我国是油菜的适种区、高产区，油菜是农民增加经济来源的主要作物。由于各地大小麦品质欠佳，效益低，适当调减大小麦，扩种双低油菜，有利于增加农民收入。应立足提高油菜品质，主攻单产，从数量型增长转向质量和数量并举，并以质量为主的效益型，只有发展双低油菜，才能有利于提高冬种和双低油菜生产的经济效益。

5. 带动其他产业的发展

发展油菜，特别是发展双低油菜，除增加农民收入，改善人民生活外，还拉动了油脂加工、畜牧养殖、水产养殖、外贸出口和种子、养蜂、食品、饮食、运输、包装等十几个行业的经济发展和经济效益的提高。每年可提供 12.5 亿千克含硫苷很低的优质菜籽饼代替粮食做饲料资源,每年为运输业提供近200 万吨货运量,若以吨公里计算,其运输利润也是可观的。饮食业 100 克馒头 3 角钱,不足 100 克油条卖 5 角钱,用油的利润要翻一番。

(六)双低油菜种子产业化

双低油菜种植的全过程,首先是选育出高产的双低油菜新品种,其次是制(繁)出符合标准的优质种子,最后是供大田用种,规范化产业化生产,才能生产出优质双低油菜籽,供油脂加工成品牌食用油或其他制品,供消费者食用或打入国际市场。因此,制(繁)优质双低油菜种子也是一个非常重要的环节,也要作为产业化来抓,要有专门的基地和专业技术人员,才能制(繁)出达标的优质种子供生产使用。现将贵州省油料科学院的成功经验介绍如下。

1. 建立稳定的制种基地

建立制种基地是种子产业化的基础,要选择好最适宜的地区,作为制种生产基地,并加强与当地政府的联系,得到他们的大力支持,成立各级制种领导小组,把制种纳入当地政府农村工作议事日程加强管理。实践证明,由于加强了和当地政府的联系,因而多年来整个制(繁)种工作均得到了当地政府的高度重视和支持。如思南县委、县政府把制(繁)种作为全县实施"三民"工程(民心、民富、民安)的重要措施之一,多次请省油料科学院的领导在全县农村工作会议上作报告;制(繁)种各乡(镇)以乡长或党委书记挂帅成立制(繁)种领导小组并任组长,院技术人员任副组长,共同负责该乡制(繁)种的具体组织工作；石阡县则通过省分管农业的副省长将油研系统双低油菜制种引入该县，对制种工作非常重视，在各方面进行全力的支持。他们采取公司＋农户的形式，与制（繁）种区农户签订制种生产合同，由该院提供亲本种子和制（繁）种生产所需物资，组成专业技术队伍进行技术指导和组织管理，要求达到相应的种子质量并与奖惩挂钩，按合同对制种农户生产种子进行收购。同时，协调制种各方面的利益，首先是制种农户的利益，农户每667平方米制种收入平均可达520元左右，高的可达700～800元，是种植常规油菜的2～3倍。对参加制（繁）种生产组织管理的村组、管区、乡（镇）也按应尽责任给予相应的提成，每千克提成0.24元，以提高他们对制（繁）种工作的积极性。因此，现在思南、石阡县的各乡（镇）都积极争取得到制（繁）种任务，以增加农民收入。

2. 建立一支制种技术队伍

种子产业化是从种子选育到种子产品走向市场的一个系统工程，各个主要环节也需要有相应的体系保证。建立一支素质高的制种技术队伍是保证制种质量的基础。在人员上，通过现有技术人员和培养基地农民辅导员相结合的方式共建基地技术队伍。研究院派出10余名技术人员，在制（繁）种地区不断培养农民辅导员来充实发展和解决人才不足的问题，通过技术培养以及在执行过程中的督促、检查和指导，从而使他们完全能胜任制（繁）种中蹲点进行制（繁）种的技术及组织管理工作。他们对本地情况熟悉、便于管理、工作安心、吃得起苦，在严格管理和督促下，能较好地按生产规范操作。在管理上，成立分层次的制（繁）种技术与管理专业人才队伍，并用承包合同的方式明确相应的责任。以2000年为例，省油料科学院共制(繁)种2 000公顷,具体承担制种生产承包任务的有64人(其中在农村培训的农民辅导员54人),每人承包33公顷的制(繁)种生产任务,负责从种到收的落实制(繁)种面积、指导制(繁)种技术、加强组织管理等工作。64人又分成7个片区,每个片区由院里的一名科技人员任片区主任,管理指导检查督促下面9~10人的制(繁)种生产工作,整个制(繁)种片区又归制(繁)种生产科长统一领导和管理。各层次均实行相应的目标责任制,并用合同方式与奖惩挂钩,省油料科学院的领导也派一名成员分管此项工作。在农民辅导员和制(繁)种农民培训上,采取分层次的专业技术培训。制(繁)种专业技术队伍人员培训由院组织,每年培训2~3次,每次2~3天,专业技术人员负责制(繁)种农户的技术培训,形式多种多样,包括田间现场培训、农闲办培训班,散发专业技术资料等。

3. 以质量为核心做到以质取胜

(1)加强对相关人员种子质量意识的教育 种子是一种通过生产能再大幅度增加产值的特殊商品,但如果出现质量问题所造成的损失同样是种子本身价值的数十、数百或上千倍。让与种子产业化相关的选育研究、亲本繁殖、制种生产、种子检验、加工及种子销售人员充分认识到这一问题所带来的严重性和风险性,才能共同树立"质量第一"、"质量是生存发展之本"、"今天的质量,明天的市场"等理念。

(2)从技术上把好质量关 一是育种上主要走隐性核不育杂种优势利用的途径,使制种质量有可靠的基础;二是亲本质量繁殖上主要执行高质量(品质、生育性、典型性等均达到高标准)一级原原种入库,分年取样繁殖二级原原种,再繁殖制种用原种的严格繁殖程序;三是制种上严格选隔离区,清理好隔离区内的所有环境，严格、及时、彻底拔除可育株；四是分割、分打、分晒、分藏、分别交售；五是严格种子收购、翻晒、精选、入库、包装等程序的设计管理，绝对不允许发生错乱；六是加强对进出库种子的质量和纯度的检验；七是做好经营销售的出库、运输及有关购销中的管理工作；八是加强质量组织管理。对各个生产销售环节，建立相应的质量管理目标责任制，进行相应的合同目标考核管理，奖惩分明，坚决兑现，借以建立今后质量管理工作的权威性和连续性。因此，贵州省油研种业有限公司在种子销售合同中对种子质量一直公开承诺，按国际 GB4407.2－19965 中杂交油菜一级标准执行，达不到一级纯度标准的，公司承诺相应的赔偿责任。

（七）双低油菜生产的产业化

我国发展双低优质油菜产业的原则是：以品种更新为重点，迅速普及双低优质油菜品种；以基地为依托，实行区域规模种植，保证产品质量；以科技创新为先导，实行标准化生产；以加工企业为龙头，通过优质油和饼粕的开发利用，打出品牌，开拓市场，努力提高产业化水平。具体目标要实现"四化"。

一是品种双低化。目前我国双低油菜的种植面积约为367 万公顷，占油菜总面积的 52％。在品种选择上，我国广大农业科技人员经几十年的研究，目前已育成百余个优质双低油菜品种。同时，我国幅员辽阔，地理有高海拔、低海拔之分，种植区域有春油菜地区和冬油菜地区之别；油菜的品种又有不同类型，栽培技术又可分直播和移植，因此各地区应根据自己的区域特点，分别选用与本地区相适应的双低优质油菜新品种。另外，要不断引进、筛选国内外新育成的产量更高，芥酸、硫苷含量更低,含油率更高的双低油菜新品种。

二是生产基地化。第一要加大繁种基地的建设力度。力争建成高标准制种基地,年年生产双低良种种子,基本满足推广用种的需求。第二要加快发展优质油生产基地的建设。在巩固、发展原有的优质油基地的同时,要加快发展新的有潜力的优质油生产基地。

三是技术标准化。制种方面,要按照制种技术标准,认真研究高产制种技术,提高制种的产量和质量。生产方面,要继续完善双低油菜新品种的配套高产保优栽培技术,积极示范和推广双低优质油菜无公害标准化生产技术。

四是经营产业化。经营产业化首先要继续加强油农合作经济组织建设,未来 5 年内,争取发展 50%农户参加,覆盖种植面积达 50%以上。其次农业部门要继续牵线搭桥,积极组织大型油脂加工企业和优质油生产基地联姻,实行订单生产,面积力争达 80%以上。第三要积极培植龙头企业,力争双低油菜产业化,龙头加工企业达到 80%,创出一批低芥酸保健菜油和低硫苷饼粕饲料的知名品牌。

(八)双低油菜标准化

随着全国双低油菜种植、加工及利用的不断扩大,必须制定相应的标准,以保证依法生产,保护生产者和消费者的利益,也有利于与国际标准接轨。由农业部种植业管理司技术归口,由农业部油料及制品质量监督检验测试中心、农业部油料种子品质质量检验测试中心负责起草的双低油菜的 4 个行业标准,即"低芥酸、低硫苷油菜种子"、"低芥酸、低硫苷油菜籽"、"低芥酸菜籽油"、"饲料用低硫苷菜籽饼(粕)"已于 2001

年 8 月颁布(见附录)。

1. 适用范围

低芥酸、低硫苷油菜种子标准。适用于商业经营的双低油菜种子,科研教学、生产经营单位繁殖双低油菜种子,科研教学及个人育成,并经审定合格的双低油菜种子。

低芥酸、低硫苷油菜籽标准。适用于经品质改良后的甘蓝型双低油菜的生产、收购、加工及市场营销。不适用于育种单位双低油菜品种的选育与质量评价,也不适用于单低油菜品种。

低芥酸菜籽油标准。适用于低芥酸油菜籽或双低油菜籽为原料制成的食用菜籽油的市场流通、收购、销售、调拨、储藏、加工和出口。

饲料用低硫苷菜籽饼(粕)标准。适用于低硫苷油菜籽压榨取油后的饲料和预榨—浸出取油后供饲料用的菜籽粕。不适用于非饲料菜籽粕,也不适用于经脱毒后的普通菜籽饼(粕)。

2. 标准的主要内容

4 个行业标准是由 33 个国家标准(GB)和 1 个国际标准(ISO)不同组合而成的。

(1)低芥酸、低硫苷油菜种子标准　这是最重要的标准,因为种子标准不达标,生产的菜籽也不会达标,加工的油、粕也不会达标。根据我国实际将双低油菜种子分为杂交油菜种子与非杂交油菜种子。杂交油菜种子分为一、二级,非杂交油菜种子分为育种家种子、原种、良种三级。对芥酸和硫苷的质量要求是比较高的,杂交油菜采用 F_2 代或亲本平均值,芥酸含量不高于 2%,硫苷含量不高于每克 40 微摩尔或每克 30 微摩尔;非杂交油菜不同等级种子芥酸含量分别不高于 0.5%,0.5%,1%,硫苷含量分别不高于每克 25 微摩尔,30 微摩尔,30 微摩尔,硫苷的单位以每克饼粕(水分含量 8.5%)为基数,这比干基标准的绝对值降低了。例如:该标准的每克 30 微摩尔相当于干基的 27.65 微摩尔。纯度要求,杂交种一级 90%,二级 83%;非杂交种分别为 99.9%,99%,95%(见附录 1)。

(2)低芥酸、低硫苷油菜籽标准 以含油量、芥酸、硫苷三项质量指标划分等级。一、二级芥酸含量每克不高于 3%,硫苷含量每克不高于 35 微摩尔,含油量(以标准水分计)不低于 40% 和 39%;三、四、五级芥酸含量每克不高于 5%,硫苷含量每克不高于 45 微摩尔,含油量不低于 38%,36% 和 34%。以上五级的杂质均不高于 3%,水分不高于 8%,要求色泽、气味均为正常(见附录 2)。

(3)低芥酸菜籽油标准 总体要求芥酸含量 <5%。并根据其他质量标准(色泽、气味、酸价、水分及挥发物、杂质、加热试验、含皂量)和卫生标准(过氧化值、羰基价、溶剂残留、砷、苯并芘等),再进行分级(见附录 3)。

(4)饲料用低硫苷饼(粕)标准 以硫苷的降解产物异硫氰酸酯(ITC)和噁唑硫酮(OZT)、粗蛋白质、粗纤维、粗灰分及粗脂肪为质量控制指标,按蛋白质含量再分级。ITC+OZT ≤40 微摩尔为基础指标,其他指标均为 88% 干物质为基础计算(见附录 4)。

3. 产业化标准的运作

面对我国油菜品种复杂、生产分散、收购检测手段落后,不能按质论价,以及执法不严的现实,执行新的双低油菜行业标准有相当大的难度,要下大力气,逐步改善条件,加强执法,才能有效地推动产业标准的贯彻执行。

(1)坚持双低油菜种子生产程序化 按杂交种与非杂交种种子生产程序生产出符合标准化的良种,抓好种子生产源头。

(2)坚持双低油菜生产规模化 相对集中种植同类品种,防止插花种植,导致生物学混杂,贯彻调优稳优栽培技术,生产出合格的商品菜籽,杜绝掺杂造假。

(3)坚持双低油菜籽收购标准化 收购部门要改善测试检验条件,实行订单收购,优质优价,确保市场产品质量。

(4)坚持行政管理执法法制化 做好法制宣传,加强思想教育,把油菜籽的育种、生产、收购、流通、营销纳入法制化轨道。

二、双低油菜的生长发育

双低油菜和一般油菜一样，一生可以分为苗期、蕾薹期、开花期和角果发育期等四个时期。

（一）苗　　期

油菜从出苗后子叶平展至现蕾这段时间称苗期。油菜苗期的长短，与品种特殊性和播种期有密切关系。不同品种，由于发育特点和对温度的要求不同，苗期的长短也不同。一般冬性强的品种苗期最长，春性强的品种苗期最短，半冬性品种介于二者之间。此外，同一品种播种期不同，苗期的长短也不一样，即早播的苗期长，迟播的苗期短。在一定的播种期范围内，早播与迟播影响苗期的长短，但对积温的要求有着相对的稳定性。

油菜苗期通常分为苗前期和苗后期。苗前期指从出苗到花芽分化，为全系营养生长时期；苗后期指从花芽分化到现蕾，营养生长和生殖生长同时进行，但仍以营养生长为主。苗前期和苗后期的区分，以冬性品种最明显，其次为半冬性品种，春性品种一般不明显。

油菜苗期是营养器官的生长时期，其生长中心是叶片和根系。苗前期地上部分的生长特点是不断分化和发展叶片，每隔一定时间生出一片新叶，通过叶片的光合作用，构建油菜植株躯体。油菜新叶的生长，在5叶期以前，一般第一、第二和第四片真叶的出叶速度较快，第三和第五片真叶的出叶速度较慢。每生出一张叶片需要的时间,会因气候、品种等条件不同而有很大的差异。据观测,油菜的出叶速度与气温呈正相关,在 10℃～17℃ 之间,温度越高出叶速度越快。

在不同类型的品种中,一般白菜型油菜的出叶速度和叶面积增长都较甘蓝型油菜快,春性品种叶面积的增长比冬性品种快。在较低温度条件下,春性强的品种出叶速度较冬性品种快。

在不同季节中,则以春季出叶速度最快,苗前期次之,苗后期最慢。在一定范围内,促进油菜苗期叶片的生长和发展是极为重要的。因此,在苗前期特别是 5 叶期以前,应加强间苗、中耕、追肥等田间管理,培育壮苗,使幼苗很好地长叶发棵,促进主茎生长点最大限度地多分化叶芽,增加总叶数,适当加大单叶面积。在苗后期,应加强清沟排渍,冬施腊肥,春后早追薹肥以减轻冻害,防止叶片脱肥"红叶",促进花蕾快分化,并使地上营养体继续有所发展,达到壮苗越冬,也为春季各器官的生长发育打下良好的基础。

油菜苗期地下部分的生长,主要是形成和发展根系。油菜根系的生长,是和地上部的生长密切相关的。苗前期由于营养体小,叶片的光合产物少,根系获得有机养料也少,因此,其生长一般不如地上部分旺盛,苗后期随着植株体内养分贮藏的增加和地上部分生长速度的减慢,根系的生长则相应地加速。据研究,越冬以前和越冬以后,油菜根系的干重随着地上部分的干重而变化。

因此,在油菜越冬以前,因根系生长较弱,必须加强培育管理,促进地上部分苗叶和地下部分根系的生长;越冬期则应做好防冻保温工作,使根系继续生长;入春以后,应依据菜苗生长情况,采取促进或控制的措施,使地上部分早发稳长,根系强壮。

(二)蕾薹期

油菜从现蕾至初花期间称为蕾薹期。现蕾的形态特点是心叶尖而上举,揭开1～2片心叶,即能看到明显的花蕾。抽薹则以主茎高达10厘米时,油菜进入抽薹期,一般白菜型油菜品种先现蕾后抽薹,甘蓝型和芥菜型大多数品种现蕾和抽薹同时进行。

油菜蕾薹期的长短受品种、温度和播种期等因素的影响。春性品种蕾薹期较长,半冬性品种次之,冬性品种较短。在冬油菜产区,当春季气温稳定在4℃以上时,现蕾后即可抽薹,但生长缓慢,持续时间长。当平均气温上升到6℃以上,土壤湿度在40%～50%时,薹茎即能迅速生长,现蕾至抽薹时间相应缩短。

蕾薹期是植株营养生长与生殖生长的旺盛时期,营养生长占优势。除继续生长叶片和增加叶面积外,主茎不断延伸,各组叶片也相继出现。主茎叶片由长变短,由大变小,植株由莲座形逐渐变成宝塔形。蕾薹初期主花序的伸长较缓慢,主茎延伸较快;中后期主花序延伸加快,主茎迅速延伸。延伸的长度,一般晚熟品种长,早熟品种短。蕾薹期的后期,第一次分枝也陆续出现。至初花前10天左右,主茎叶片全部出齐。在各组叶中,主要功能叶是短柄叶,短柄叶的主要功能在于供给植株茎、分枝、花序以及根和根颈养料,并对后期的角果和种子等器官的生长和发育也有一定的影响。因此,短柄叶是一组上下兼顾,使根、叶并茂的功能叶,所谓春发稳长,主要是促进或控制这组叶片的生长。但是,短柄叶生长发育的好坏,与冬前的苗壮与否有密切关系。为此,必须在搞好冬前培育壮苗的基础上抓好春发,才能充分发挥短柄叶的作用。

蕾薹期油菜花芽分化也在迅速进行。其分化顺序,在同一植株上一般是先主序后分枝,在一个花序上则由下而上地分化。花芽分化的速度,随着品种的成熟期不同也不同。不同成熟期的品种,花芽分化时的形态特点各不相同,以叶片数而言,早熟品种4～7片叶,晚熟品种6～11片叶时开始花芽分化,虽然花芽分化时叶片数不同,但其叶龄指数一般都在20%～30%之间。不同时期花芽分化的数量,也随肥料的施用量而变化。在油菜花芽分化期间,加强培育管理,着重争取在植株上部花芽分化高峰范围内多分化、多结角果,多争取现蕾以前分化的花蕾,尽量保住现蕾以后分化的花蕾,对提高油菜单株花芽有效率和结角果数具有极重要的作用。

(三)开 花 期

油菜从开始开花到谢花期间为开花期。油菜开花期的长短与品种类型、气温高低、空气湿度等都有密切关系。中、晚熟品种开花期较集中,一般30天左右,早熟品种开花期长,约为中、晚熟品种的1.5～2倍,尤其是早播后年前开花的,其开花时间可达中、晚熟品种的3倍以上。影响油菜开花的因素以温度最为显著。据观察,开花适宜温度在14℃～18℃之间,气温在10℃以下,开花数量显著减少,5℃以下一般不开花;短时间的低温对正开的花朵和幼角果不会有严重影响,但在低温持续较长的情况下,会出现不结实现象。油菜开花在一天中以8～12时开花较多,其开花数一般达80%以上,尤以10～11时开花最盛。在晴、阴和多云三种不同天气下,10～11时开花数平均达 53.6%。

油菜开花以后,通过昆虫、风力传播花粉,花粉粒粘附在柱头上,约经 45 分钟以后即发芽,生出花粉管,沿花柱逐渐伸向子房。授粉后约 18～24 小时,即可受精形成结合子。油菜的授粉方式,白菜型油菜为异花授粉,自然异交率达 75%～85% 以上,自交结实率低;芥菜型和甘蓝型油菜为常异交植物,自然异交率在 10% 以下,自交结实率高达 80%～90% 或以上。根据上述油菜的开花特点,在油菜品种保存、繁殖和杂交过程中,都必须严格隔离保纯,单独收藏,防止生物学混杂和机械混杂,以保持和提高良种的种性。

(四)角果发育期

油菜谢花至成熟期间为角果发育期。通过这一阶段形成角果和种子,并在种子中不断地累积油分。

油菜角果、种子发育特点是按照开花的顺序依次发育的。开花后 4 天,有效角果长度和宽度分别较开花时增长 0.5 和 0.4 倍,开花后 18 天角果达到最大长度,开花后 25 天角果达到最大宽度。但是角果的生长速度,在不同类型和不同品种间,同一品种的不同植株和同一植株的不同角果之间,均有一定的差异。油菜种子随着干物质的增长,油分也逐步形成和累积。据研究,油分的累积是通过三个方面的物质转化来完成的,即来自植株茎、叶等器官贮藏的养料占 40%,来自绿色茎秆皮的光合产物约占 20%,来自角果皮的光合产物约占 40%。这三个方面的养料,均由蔗糖或淀粉等形成并转化成可溶性单糖,然后通过脂肪酶的作用而形成油分。随着种子的充实饱满,油分累积的基本定型,角果皮颜色由绿色到黄绿,最后成为黄色,此时籽粒即已成熟。

油菜角果、种子发育期的长短与品种、气候条件都有较大的关系。据观察,甘蓝型早、中熟品种,其角果发育期22～35天,一般为27天左右;白菜型中、晚熟品种为23～31天,一般为25天左右。此外,在角果发育期,如天气晴朗,日照充足,气温在20℃以上,土壤湿度在70%以上时,只要植株不衰,角果皮的光合作用强,角果发育就快,且发育较好,种子油分也高,成熟期适宜。相反,如天气阴雨连绵,而施用的氮肥又较多,油菜就会贪青迟熟,造成籽粒不饱满,产量和含油量都下降。因此,在后期的田间管理上,要认真做好田间的清沟排渍等工作,既要防止油菜植株因脱肥而早衰,又要防止氮肥施用过量,还要防止人、畜对油菜植株的损伤,从而有效地提高油菜种子的产量和含油量。

三、环境条件对双低油菜籽品质的影响

环境条件、管理措施对油菜籽品质的影响已成为进一步探索研究的领域。国内外关于环境条件和栽培措施对油菜的油脂、脂肪酸及硫苷含量的影响有些研究,大多数研究结果表明,环境条件对脂肪酸组成的影响较小,对含油量和硫苷的影响较大。但是,前人的研究多为普通油菜,用优质油菜(单、双低油菜)者少,而优质油菜的生理特点又与普通油菜有明显的不同,故探讨环境条件对优质油菜籽品质的影响是必要的。

(一)对含油量的影响

1. 生态条件

生态条件对油菜籽含油量的影响是较大的。中国农业科学院油料作物研究所(以下简称中油所)对我国 18 个省(区)油菜籽的含油量进行了分析比较。结果表明,各省(区)油菜籽平均含油量的差异很大,其中以西藏的油菜籽含油量最高,新疆的油菜籽含油量最低。从不同地区来看,西南地区、西北地区比华中地区的含油量高。华中地区的油菜籽含油量,不论在全国或长江流域都是最低的,这主要与生态条件有关,特别是与油菜籽形成阶段的生态条件有密切关系。

生态条件中对油菜籽含油量影响最大的是温度和光照。研究结果表明,油菜成熟期间气温在 20℃以上,光照充足,昼夜温差大,土壤湿度适宜,有利于油分累积。温度过高,日照太短,都不利于油分累积,从而使含油量降低。我国西藏海拔在4 000米以上,年日照时数长达3 000小时以上,比同纬度其他地区高1倍,因此,西藏是我国油菜籽含油量最高的地区。新疆虽然海拔较高,但在油菜籽形成阶段正遇高温干旱天气,油菜蒸腾作用旺盛,又没有水分补充,使脂肪合成受到影响,因此,含油量降低。

不同纬度对油菜籽含油量也有影响。据中油所研究表明,纬度越高,油菜籽含油量越高,纬度越低,其含油量越低。长沙的纬度比衡阳高1°,但含油量4个品种平均低3.75%,这是由于长沙的雨水比衡阳多、日照比衡阳少所造成的。

海拔高度对油菜籽的含油量也是有影响的,据中油所在湖北省原恩施地区的研究结果表明,同一油菜品种在不同海拔高度地点种植,其籽粒含油量有随海拔增高而增加的趋势。海拔从450米到1 500米增加了1 050米,籽粒含油量增加了7.39%。海拔高度与籽粒含油量的关系呈显著正相关,相关系数为0.79。

2. 栽培措施

栽培措施(条件)对油菜籽含油量亦有影响。据研究,甘蓝型油菜4个品种种植在重黏土比种植在石灰性轻壤质黄土上含油量平均高1.35%,每667平方米产量也提高10.5千克(增产21.4%)。其他一些研究也指出,油菜栽培在中性和微碱性土壤上,籽粒含油量较高;在酸性土壤上次之;在碱性土壤上含油量最低。

施肥种类和数量对油菜籽含油量也有影响,过去对普通油菜的试验结果是施肥水平高,降低含油量。据中油所于1988年和1989年进行的施肥水平对优质油菜籽生化品质影响的试验,结果表明,施肥水平对普通油菜(双高油菜)中油821的含油量影响较小。对单、双低油菜的含油量影响则较大。中油低芥2号在中、高肥条件下含油量分别降低1.66%和2.55%(差异极显著)。中双2号分别降低1.08%和2.29%(差异显著和极显著)。另据中油所试验,单、双低油菜对氮素的吸收同化能力较弱,施氮量过高既影响产量,又影响含油量,故对优质油菜施氮量不宜过高。

(二)对脂肪酸组成的影响

1. 芥　酸

据加拿大试验,油菜籽成熟期间,在高温条件下芥酸含量较低,在低温条件下芥酸含量增加。中油所的研究结果表明,施肥水平对不同油菜芥酸含量的影响与品种有关,中油821在中、高肥条件下,提高芥酸1.28%和2.18%,差异显著。中、高肥有降低中低2号和中双2号芥酸含量的趋势,但不显著。

2. 油酸和亚油酸

中油所的研究结果表明,施肥水平对不同油菜的油酸和亚油酸含量的影响较少,在中、高肥条件下,上述两个优质油菜的油酸有降低趋势,亚油酸有升高现象,但均不显著。高肥降低中油821的亚油酸含量,差异极显著。

3. 亚麻酸及花生烯酸

中油所研究结果表明,施肥水平对不同油菜亚麻酸和花生烯酸含量有些影响,高肥有增多上两种单、双低油菜亚麻酸含量的趋势,达显著水平;对中油 821 也有提高的趋势,但不显著。这 3 个油菜品种在高肥条件下,花生烯酸均有降低趋势,达显著水平。

4. 棕榈酸和硬脂酸

棕榈酸和硬脂酸在菜籽油中的含量较少,研究也不多。中油所的研究结果表明,中、高肥对中低 2 号和中油 821 的棕榈酸有略增加的趋势,但均不显著。施肥水平对油菜的硬脂酸影响甚微。

(三)对硫苷含量的影响

德国本霍夫农业研究试验站(1976～1977 年)以 4 个冬油菜品种(其中 3 个为低芥酸)试验结果表明,供应高氮素可降低硫苷的含量,供应高钾素硫苷的含量更低些。威特尔等(1970 年)研究表明,环境条件对油菜籽的硫苷含量的影响很强烈,受环境因素影响而发生的变化幅度几乎达 100%。我国徐义俊等(1982 年)研究指出,油菜硫苷含量的多少与生态条件密切相关,硫苷很可能也是一种数量遗传性状。

中油所的试验结果表明,中油低芥 2 号在中、高肥条件下硫苷提高 0.06% 和 14.09%;中双 2 号分别提高 4.39% 和 42.29%,双高油菜中油 821 也分别提高 1.84% 和 8.87%。在油菜生产上为保证低硫苷品种的质量要求,不宜过多地施用氮素肥料。当然氮肥也不能施得过少,否则油菜长不起来,产量是不会很高的。

四、双低油菜新品种

（一）中油杂 1 号

中油杂 1 号是中油所培育成的细胞质雄性不育三系双低杂交油菜新品种，1999 年通过湖北省农作物品种审定委员会审定，2000 年通过全国农作物品种审定委员会审定，被列为国家农业"跨越计划"项目。

1. 特征特性和产量表现

中油杂 1 号苗期长势好，抽薹整齐，花期集中，角果多，熟相好。据成熟期田间考察：根茎粗 2.2 厘米，株高 185 厘米，分枝部位 47 厘米，一次分枝 7.8 个，主轴有效角果 84 个。单株生物产量（干重）为 73.52 克，经济产量为 19.29 克，经济系数为 26.24，千粒重 3.3 克。芥酸含量 0.28%，硫苷含量每克 21.12 微摩尔。单株有效角果 374.6 个，每角 14.5 粒，每 667 平方米产量为 180.5 千克。高产栽培可达 200 千克以上。

中油杂 1 号苗期抗旱耐渍，冬发性好，耐寒性强，后期在高温低湿或高温高湿环境条件下，均表现较强的抗性。

2. 栽培要点

（1）统一供种，连片种植　防止非双低品种串粉，影响品质。

（2）适时播种，培育壮苗　育苗移植播种期为 9 月 10 日左右,直播适宜期为9月下旬。

（3）增加密度,弃弱小苗 育苗移植每667平方米栽8 000~10 000株,直播田每667平方米留苗15 000~18 000株。移植大苗,留壮苗,弃弱小苗,发挥杂种优势。

（4）施足底肥,必施硼肥 每667平方米施纯氮、五氧化二磷、氧化钾分别为14千克、8千克、10千克。初花前喷施0.2%的硼砂液2次,防止花而不实。

（5）加强田管,施好腊肥 在认真做好中耕松土、清沟排渍等工作基础上,认真施好腊肥,腊施薹用。

（6）加强预报,切实防好病虫害 特别注意茎腐病及菌核病的预防及普治工作。

（二）中油杂2号

中油杂2号是中油所,利用秦油2号不育胞质2A培育的双低三系杂交油菜新品种,2000年8月通过湖北省农作物品种审定委员会审定,2001年通过全国农作物品种审定委员会审定,并被农业部推荐为长江流域双低油菜主推品种。

1. 特征特性和产量表现

中油杂2号属半冬性中熟甘蓝型油菜。株高175厘米,分枝部位40厘米,单株有效角果380个,每角粒数18粒,籽粒较大,千粒重3.6克。湖北省种子管理站从区试取样,经农业部油料及制品质量监督检验测试中心和华中农业大学测试中心分样检测,中油杂2号芥酸含量为0.92%,硫苷含量为20.7微摩尔/克,含油率41.45%。

中油杂2号抗性强,适应性广,高产稳产,抗高温干旱,耐溃性好,菌核病发生较轻,发病株率 6.18%,平均病指 2.9,抗病毒病能力较强,平均病指 1.62,平均发病率 3.23%。根系发达,根颈及茎秆粗壮,坚硬,抗倒伏强。

2. 栽培要点

(1)适时早播　长江中游地区育苗应在 9 月中旬播种,苗床与大田比例为 1:4,培育大壮苗,严格控制苗龄(30 天),10 月中旬移植。直播在 9 月下旬播种。

(2)合理密植　在中等肥力水平条件下,育苗移植的合理密度为每 667 平方米 10 000 株;肥力较高时,每 667 平方米 9 000～10 000 株;直播可适当密植(11 000～12 000 株)。

(3)科学施肥,重施底肥　每 667 平方米施进口复合肥 50 千克,硼肥 1 千克;追施苗肥,移植成活后,适时追施提苗肥,根据苗势每 667 平方米施尿素 15 千克;腊肥春用,在 1 月底根据苗势每 667 平方米施尿素 10 千克,注意必须施硼肥。如果底肥没有施硼肥,应在薹期喷施硼肥(浓度为 0.2%)。

(4)防治病害　油菜初花期 1 周内喷施灰核宁,用量为每 667 平方米 100 克灰核宁对水 50 升喷施。

(三)中油杂 3 号

中油杂 3 号是中油所利用新选育不育系 95A 和 R2 配制的甘蓝型双低杂交油菜新品种。2001 年通过全国品种审定委员会审定。

1. 特征特性和产量表现

中油杂 3 号属甘蓝型半冬性、中熟杂交油菜品种。株高

165厘米,一次有效分枝8～10个,二次有效分枝15个,每角粒数21粒,单株角果数400个,角果长度4.5厘米,千粒重3.5克,不育株率低于5%。该品种苗期叶片深绿,分枝部位较低,株型紧凑,经济系数高。硫苷含量23.66微摩尔/克,芥酸含量0.4%,含油率39.7%。抗菌核病、病毒病能力强,抗倒性好。

1998～2000年参加全国(长江中游)区试。1998～1999年度平均每667平方米产量137.3千克,1999～2000年度平均每667平方米产量165.18千克。2001年生产试验平均每667平方米产量157.1千克。高产田块可达200千克以上。

2. 栽培要点

(1)适时早播 长江中游地区育苗移植播种期为9月上中旬,10月中、下旬移植;直播在9月下旬到10月初播种。

(2)合理密植 中等肥力条件移植栽培11 000～14 000株/667平方米。高肥水时7 500～12 000株/667平方米,直播可适当密植。

(3)科学施肥 重施底肥,每667平方米施复合肥50千克;追施苗肥,于5～8片真叶时每667平方米施尿素或复合肥15千克;必施硼肥,于薹期喷施(浓度为0.2%)或每667平方米底施硼砂1千克。

(4)注意防病治虫 花期后1周喷施菌核净,每667平方米100克菌核净对水50升。

(四)中油杂4号

中油杂4号是由中油所用96A和93275配制的甘蓝型

双低油菜杂交种,2002年通过湖北省品种审定委员会审定。

1. 特征特性和产量表现

中油杂4号属中、早熟甘蓝型油菜杂交新组合。株型紧凑、适合密植,茎秆坚硬,分枝数多,单株角果数达386个,每角粒数17.1粒,千粒重3.4克,全生育期214天,比对照早熟1天。

经农业部油料及制品监督检验测试中心检测,芥酸含量0.38%,硫苷含量24.95微摩尔/克,饼粕粗蛋白质含量29.62%,含油率41.04%。

中油杂4号抗(耐)病性能较好,抗(耐)菌核病能力与对照相当,抗(耐)病毒病能力较对照强,抗寒能力、抗倒力强。

中油杂4号于1998~2000年连续两年通过正规组合产量比较试验,分别比对照增产21.5%和20.6%。2000~2001年度参加湖北省区域试验,平均每667平方米产量189.44千克,比对照增产15.23%。区试中小区最高产量达每667平方米231.05千克,超过所有参试品种、组合的小区产量。

2. 栽培要点

(1)适时播种,培育壮苗,合理密植　适宜播期育苗移植为9月15~20日,直播9月20~25日。要及时间苗、定苗,栽大苗不栽小苗,栽壮苗不栽弱苗。密度:每667平方米直播田块1.5万株,移植田块一般1万株左右。

(2)科学施肥,重施底肥　每667平方米施复合肥50千克、尿素10千克、硼砂1.5千克做底肥。并针对油菜各阶段苗势长相追肥,追肥以尿素为好,苗、薹肥每667平方米各8千克。在抽薹期喷施0.2%的硼砂溶液,每667平方米50千克,预防油菜花而不实。

（3）**防治病虫害**　用氯氰菊酯＋40％乐果1∶2 000倍液防治蚜虫和菜青虫，初花后1周内每667平方米用40％菌核净200克对水50升防治菌核病。

（五）中双5号

中双5号是中油所1986～1991年采用复合杂交和异地加代等方法，从复交第二代开始以混合系谱法选育而成。复合杂交组为（84039×84001）F_1×中油821。1999年通过湖北省农作物品种审定委员会审定。

1. 特征特性和产量表现

中双5号属半冬性早、中熟甘蓝型油菜，苗期叶色青绿，侧裂叶2～3对，苗期生活力强，根系发达，根茎粗。株高160厘米，株型紧凑，分枝角度小，秆硬抗倒，分枝部位30厘米，一次有效分枝8～10个，二次分枝多，花期早而长。成熟期比对照早熟3～5天，耐迟播，适宜于长江流域二熟三熟制种植。

中双5号比对照表现角多、粒多，平均单株结角468.6个，每角粒数为18.05粒，千粒重3.51克。据农业部油料及制品质量监督检验测试中心测定，中双5号芥酸含量为0.4％，硫苷含量19.44微摩尔/克，含油率40.96％。

经多年多点鉴定表明，中双5号在正常年份感病极轻。抗病毒病调查鉴定结果表明，中双5号两年平均发病率，较对照轻8.5％，抗（耐）菌核病，平均发病率为27.75％，病情指数17.82，较对照发病率低3％，病情指数下降5.9。

据区试产量平均为180.5千克/667平方米，比对照增产

24.98%,生产示范最高产量达 200.5 千克/667 平方米。

2. 栽培要点

(1)育苗播种期　应在 9 月下旬,直播可在 10 月 10～15 日。苗期生长快,育苗密度不宜过大,可用多效唑培育大壮苗,苗龄不超过 30 天。

(2)合理施肥　重施底肥(70%),苗肥约占 20%,薹肥占 10%,氮、磷、钾配方施肥。双低油菜对硼肥较敏感,一般以基肥或薹花期喷施硼肥为好。

(3)注意防病　用菌核净防治菌核病,至少在初花期施药 1 次。

(六)中双 6 号

中双 6 号是中油所选育而成。2000 年 8 月通过了湖北省品种审定委员会审定。2000 年获国家科技部重点支持项目,被指定为重点推广的双低品种。

1. 特征特性和产量表现

中双 6 号属半冬性冬春双发中、早熟甘蓝型油菜,成熟期较中油 821 早熟 2～3 天。苗期叶色深绿,侧裂叶 2～3 对,薹期、初花期、成熟期茎秆呈微紫色,成熟期角果向阳面带微紫色,株高 170 厘米左右。该品系花期早而长,耐迟播、早熟,主花序长,千粒重高达 4.16 克。菌核病发病率为 7.54%,病指 7.53,病毒病发病率 9.26%,病指 3.3。芥酸含量 0.26%,油酸含量 67%,亚油酸含量 18.5%,硫苷含量 19.21 微摩尔/克,含油量在 40%以上。

中双 6 号耐迟播,直播或晚稻田套播。抗性强,抗(耐)菌核病、病毒病,耐肥抗倒,年前抗冻性、年后(花期)抗寒性强。

1998～2000 年参加湖北省双低油菜区域试验,平均每 667 平方米产量 174.25 千克,高产田可达 255 千克。其中 1999～2000 年度区试平均每 667 平方米产量 193.15 千克,最大增产幅度为 15.4%。

2. 栽培要点

(1)适时播种 由于该品种成熟期早,播种期应比一般品种推迟。育苗移植播种期长江上、中游区为 9 月 20～25 日,直播可在 10 月 5～15 日,长江下游及黄淮南部播种期可结合本地情况因地制宜。

(2)合理密植 苗床苗龄应控制在 25～28 天为宜,要早移植、早管理,促早发。密度可在 9 000～11 000 株/667 平方米;直播和简易栽培应抓好间苗追肥除草及深沟窄厢等田间管理技术。

(3)施 肥 重施底肥,底肥应占总施肥量的 70%,用复合肥做底肥较好,一定要增施硼肥,薹肥要早施,一般在 12 月底以前施用。

(4)加强虫病防治 要加强苗期蚜虫和花期菌核病的防治。

(5)保优栽培 生产上只能种一代种,年年换种,保优种植要实行统一供种,同时要大面积连片种植。

(七)中双 7 号

中双 7 号系中油所经复合杂育成的具高产、优质(双低)、早熟、多抗的油菜新品种。1998年和2000年分别通过了安徽省、湖北省和贵州省品种审定委员会审（认）定。2001年通过全国品种审定委员会审定。1999年获得国家"九五"科技攻关后补助，补列为国家科技部、农业部科技成果重点推广项目。2001年获中国农业科学院科技成果一等奖，同年荣获国家科学技术进步二等奖。并被农业部指定为长江流域主推双低油菜品种。

1. 特征特性和产量表现

中双7号属半冬性早、中熟甘蓝型油菜品种，株型紧凑。株高175厘米左右，第一分枝部位25～30厘米，单株角果数多，角粒数多，千粒重3.8克。品质优良，原种芥酸含量为0，油酸含量67.78%，亚油酸含量17.73%，蛋白质含量38.9%。硫苷含量18.2微摩尔/克，含油率43.2%。高抗菌核病。抗病毒病，耐肥抗倒，苗期抗冻，春季耐低温能力强，主要适宜于长江流域两熟和三熟制地区栽培。

安徽省区试结果为每667平方米产量146.9千克，比对照增产5.5%，高产田可达268千克。湖北省鄂州市2000年种植2.33万公顷，大面积平均每公顷产量2370千克，高产田块达3285千克。

2. 栽培要点

（1）适时播种 中双7号属冬、春双发型，要适时早播育苗移植，长江上中游区9月15日左右播种，下游及黄淮海区可在9月下旬进行。直播可根据各地育苗移植的播种时间推迟7～10天进行。根据地方生产条件和管理水平决定播种密度。肥力高、生产管理水平高的密度可小，反之密度可大，一般密度每 667 平方米可在 8 000~12 000 株,黄淮海冬油菜区可适当加大密度。

(2)重施基肥 基肥、苗肥、薹肥比例按 7:2:1 施用,每 667 平方米产 200 千克,要求施纯氮 15~17 千克、磷肥 10 千克、钾肥 15 千克,不要偏施氮肥,最好用复合肥做底肥。增施硼肥 1 千克,年后不宜追肥,防止贪青延迟成熟。

(3)早栽早管促早发 苗床的苗龄不超过 35 天,严防高脚苗,要及时移植,9~11 月份要追施 2~3 次提苗肥,并及时防治蚜虫,特别是在旱情严重的情况下结合抗旱进行,1 月中旬以前追施薹肥。

(4)加强菌核病防治 初花期 1 周后喷施菌核净或灰核宁,同时结合清沟排渍挖好三沟,降低土壤湿度,达到综合防治的效果。

(八)中双 8 号

中双 8 号是中油所利用复合杂交技术,并结合小孢子培养育成的甘蓝型双低油菜新品种。2001 年通过全国品种审定委员会审定。

1. 特征特性和产量表现

中双 8 号属半冬性、中熟双低甘蓝型油菜品种。株高 160 厘米,一次有效分枝 8 个,二次有效分枝 20 个,每角粒数 22 粒,单株角果数 430 个,千粒重 3.5 克。该品种叶色较浅,分枝部位中等,株型较紧凑,结角密度大,秆硬且粗壮,抗病性、抗倒性好。

中双 8 号经农业部油料及制品质量监督检验测试中心检

测,硫苷含量为 24.06 微摩尔/克,芥酸含量为 0.24%,含油率 43.22%。

中双 8 号在全国区试中,菌核病发病率为 7.6%,病情指数为 3.8,对照菌核病发病率为 11.84%,病情指数为 6.15。中双 8 号病毒病发病率为 10%,病情指数为 3.17。对照病毒病发病率为 13.3%,病情指数 5。中双 8 号抗菌核病、病毒病能力强于对照。抗倒性强于对照。

中双 8 号产量潜力大,在一般肥力条件下每 667 平方米产量 160 千克左右,高水肥条件下每 667 平方米产量可达 200 千克以上。1998～2000 年全国油菜区试中两年平均每 667 平方米产量 180.2 千克,比对照增产 5.12%。

2. 栽培要点

(1)适时早播　长江下游地区育苗适宜播期为 9 月上、中旬,10 月中、下旬移植;直播在 9 月下旬到 10 月初播种。

(2)合理密植　在中等肥力水平下,育苗移植合理密度为 10 000～14 000 株/667 平方米,肥力较高时,密度 7 500～12 000 株/667 平方米。直播可适当密植。

(3)科学施肥　重施底肥,667 平方米施复合肥 50 千克;追施苗肥,于 5～8 片叶时每 667 平方米施尿素或复合肥 15 千克左右;必须施用硼肥,于薹期喷施(浓度为 0.2%)或底施硼砂每 667 平方米 1 千克。

(4)防治病害　在重病区注意防治菌核病。于初花期后 1 周喷施菌核净,用量为每 667 平方米 100 克对水 50 升。

(九)中双 9 号

中双 9 号是中油所推出的油菜育种最新科技成果,原代号 93256,具有高产、高抗菌核病(相对抗性)、高抗病毒病、高抗倒性、高含油量、高蛋白、低芥酸、低硫苷等突出特点,试种用户形象地称之为"六高两低、八项全能"。聚合了多项育种目标性状,是双低油菜育种的最新突破。

1. 特征特性和产量表现

中双 9 号幼苗半匍匐状,叶色深绿,大顶叶,生长整齐,株高中等,分枝部位中等,秆硬,抗倒,单株有效角果数 313.3 个,每角粒数约 18.5 粒,千粒重 3.51 克,全生育期 207 天,属早、中熟甘蓝型油菜。

中双 9 号区试中经湖北省种子站抽样、农业部油料及制品监督检验测试中心检测,含油率达 44.678%。在湖北省区 A、B 两组的 17 个材料抽样中,蛋白质含量居首位,比对照增加 1.5%。经湖北省种子管理站抽样、农业部油料及制品监督检验测试中心检测,中双 9 号芥酸含量为 0.23%。硫苷含量为 25.8 微摩尔/克。

中双 9 号菌核病发病率仅 6.43%,病情指数仅 2.89,发病率和发病指数均比对照低 50%,相对抗性较高。高抗病毒病,在湖北省区试中,病毒病发病率为 0。中双 9 号即使在极高的水肥条件下,也难见到倒伏现象。

1999 年度参加品种试验,每 667 平方米产量达 174 千克,比对照增产 16.7%,生产试验平均每 667 平方米产量 182.5 千克,最高产量达 235.2 千克。2000～2001 年参加湖北省（B组）区域试验，平均每667平方米产量173.92千克，比对照增产13.66%，达极显著水平，居参试品种第一位。区试中小区最高产量达每667平方米249.75千克。

2. 栽培要点

（1）适时早播　长江中游地区育苗移植适宜播种期为9月上、中旬，10月中、下旬移植；直播于9月中、下旬到10月初播种。

（2）合理密植　在中等肥力水平下，育苗移植合理密度为每667平方米10 000株，高肥力水平时，每667平方米密度为8 000株；直播可适当密植。

（3）科学施肥　重施底肥，每667平方米施复合肥50千克；追施苗肥，于5～8片真叶时追施尿素和复合肥，每667平方米15千克；必施硼肥，于薹期喷施（浓度为0.2%），底施硼砂每667平方米1.5千克。

（4）防治病害　在菌核病高发区注意防治菌核病，可于初花期后1周左右喷施菌核净，用量为每667平方米100克对水50升，叶片喷施。

（十）沪油12

沪油12是上海市农科院作物育种栽培研究所杂交选育的双低油菜新品种，1998年6月25日通过上海市农作物品种审定委员会审定。

1. 特征特性和产量表现

沪油12幼苗叶色深绿，叶面有蜡粉，有琴状裂叶2对，顶裂片宽圆,叶缘有较深锯齿。幼苗生长半直立。薹茎绿色,短柄叶和无柄叶较多,花瓣鲜黄色,呈椭圆形平展。开花状态为侧叠,分枝习性为中生分枝型,主花序较发达,角果长度中等,植株呈纺锤形。株高 160～170 厘米,分枝部位 50 厘米,一、二次有效分枝分别为 9 个和 6 个,单株有效角果数 350 个以上,每角果粒数 18～20 粒,千粒重 4 克,干籽含油率 40%。芥酸含量为 0.21%。亚油酸和油酸含量分别为 24.42% 和 58.99%,硫苷含量 25.98 微摩尔/克。

沪油 12 在上海地区一般 2 月下旬抽薹,3 月中旬开花,4 月中旬终花,5 月 27 日左右成熟,全生育期 240 天。沪油 12 抗(耐)油菜病毒病明显较强。

沪油 12 先后参加一年品系产量鉴定试验,两年上海市油菜区域试验和一年上海市油菜生产试验。在各级试验中,沪油 12 的平均产量都比对照增产,幅度为 7.5%～32.3%。

2. 栽培要点

(1)适时播种,培育壮秧 沪油 12 属半冬性类型油菜,春性相对较强,播种期不能过早,宜在 9 月 25～30 日之间,秧龄 40～45 天。为确保培育油菜矮壮苗,宜在 3 片真叶期喷 150 毫克/千克的多效唑。

(2)适时移植,合理密植 沪油 12 适宜秧龄 40～45 天,11 月上、中旬抢晴适时移植。沪油 12 植株较紧凑,适宜于密植,每 667 平方米密度 9 000～10 000 株,以群体争高产。

(3)重施春前肥,见蕾就施早薹肥,巧施花角肥 沪油 12 苗期生长量较弱,春发势强。施肥应遵循重施基肥,早施苗肥、腊肥、增施磷钾肥促冬壮,见蕾就施早薹肥(薹高 5～7 厘米),促春发,并防止薹期疯长;结合防病治虫巧施花角肥,增角、增粒、增粒重。沪油 12 在整个大田生长期的总用肥量,氮肥尿素不少于 30 千克/667 平方米,过磷酸钙不少于 40 千克/667 平方米,钾肥 10 千克/667 平方米。磷钾肥做基肥或苗、腊肥,氮肥宜分次施用,春前春后用肥比例为 3∶1。

(4)防病治虫,确保丰收　沪油 12 仍应重视对蚜虫的防治,以减少病毒病的感染。并防治菌核病,初花后及时抢晴天喷施多菌灵、速克灵等农药 1~2 次,确保丰产丰收。

(十一)沪油 14

沪油 14 是上海市农科院作物育种栽培研究所,从中油所引进的双低品系"中油 2100"中系统选育而成的双低油菜新品种,于 1999 年 9 月 20 日通过上海市农作物品种审定委员会审定。

1. 特征特性和产量表现

沪油 14 苗期叶色深绿,叶面蜡粉层较厚,基叶为深裂叶,侧裂片 2 对以上,叶缘有较深锯齿。幼苗生长半直立,薹茎绿色,花瓣鲜黄色,呈椭圆形平展,开花状态侧叠。分枝习性属中生分枝型,角果长度中等,角果与主轴和分枝夹角较大,植株呈纺锤形,种子颜色为黑褐色。株高 170 厘米,有效分枝部位 65 厘米,一次有效分枝 8 个,单株有效角果 350~400 个,每角果粒数 20 粒,千粒重 3.5 克以上,干籽含油率 38%~40%。芥酸含量 0.16%,硫苷含量 25.32 微摩尔/克。沪油 14 在上海地区一般 2 月下旬抽薹,3 月下旬初花,4 月中旬终花,5 月 27 日成熟,全生育期 240 天。沪油 14 较抗(耐)油菜菌核病和抗(耐)油菜病毒较强,且耐肥抗倒。

沪油 14 于 1995 年株系鉴定试验,平均每 667 平方米产 162.5 千克,比对照增产 44.4%。1996 年品系鉴定,平均每 667 平方米产量 148.2 千克,比对照增产 42.2%。1997 年和 1998 年上海市油菜区域试验,平均每 667 平方米产量分别为 125.7 千克和 106.9 千克,比对照增产 28.5% 和 34.4%。1997 年和 1998 年参加全国油菜区域试验,平均每 667 平方米产量分别为 155.3 千克和 103.2 千克,比对照增产 10.4% 和 8%。1999 年参加上海市油菜生产试验,平均每 667 平方米产量 169.7 千克,比对照增产 29.1%。在郊区试种,平均每 667 平方米产量 180 千克,比对照增产 15% 以上。

2. 栽培要点

(1)在上海及邻近地区 育苗移植宜在 9 月 25 日左右播种,11 月上旬移植,每 667 平方米栽植 9 000 株。秧田与大田比为 1:6～7。直播在 10 月中旬,每 667 平方米栽植 10 000 株,稻后直播不能迟于 10 月 25 日,每 667 平方米栽植 15 000～20 000 株。

(2)苗　床 须施过磷酸钙 30～40 千克/667 平方米做基肥,土壤肥力不足的苗床每 667 平方米施 5 千克尿素做面肥,及时间苗,每 667 平方米秧田留苗 10 万株,3 片真叶期喷 150 毫克/千克的多效唑或 18 毫克/千克的烯效唑,利于培育短壮苗。秧龄期 40～45 天为宜。

(3)大　田 要重施基肥或随根肥,特别要注意增施磷肥(每 667 平方米施过磷酸钙 30～40 千克),硼肥(每 667 平方米 0.5～0.75 千克的硼砂)。早施苗肥和腊肥,控制薹肥,巧施花角肥,并重在年前,约 75% 追肥在冬前施用,以促早发。

(4)做好清沟排渍 年前要注意防治蚜虫、菜青虫等虫害,初花期和盛花期做好菌核病的防治。

(十二)沪油 15

沪油 15 是上海市农业科学院作物育种栽培研究所采用双交育种法育成的双低油菜新品种,2000 年 12 月 22 日通过上海市农作物品种审定委员会审定。

1. 特征特性和产量表现

沪油 15 幼苗叶色深绿,生长习性半直立,有琴状裂叶 2 对,缺刻较深,叶片中等大小,叶面平展,叶缘有波状缺刻。蜡粉较厚,薹茎为绿色,生长稳健,短柄叶和无柄叶较多,花瓣鲜黄色,呈椭圆形平展,开花状态侧叠;分枝习性属中生分枝型,主花序较发达,角果较长,植株呈纺锤形。

沪油 15 属甘蓝型半冬性油菜类型。株高 160 厘米,分枝部位 40 厘米,一次有效分枝 8 个以上,二次有效分枝 4 个,单株有效角果 400 个,每角果粒数 20 粒,千粒重 4 克。

沪油 15 在上海和邻近地区一般在 9 月 20～25 日播种,11 月上旬移植,2 月中旬抽薹,3 月中旬初花。沪油 15,开花速度快而集中,4 月中旬终花,5 月 25 日成熟,全生育期 238 天。

沪油 15 种子含油率 42.43%。芥酸含量 0.38%,油酸含量 60.8%,亚油酸含量 23.03%,硫苷含量为 19.01 微摩尔/克。

沪油 15 抗逆性较强,主要表现在茎秆坚硬,耐肥抗倒;抗寒性优于对照。耐菌核病性与沪油 12 相似,抗病毒病性明显较对照强。耐湿性较沪油 12 差,壳薄易脱粒,较适宜于稻后移植。

2. 栽培要点

(1)适时播种,培育壮秧 9月20~25日播种,秧田与大田比为1:6,3片真叶期喷150毫克/千克的多效唑,或18毫克/千克的烯效唑,秧龄期40~45天。

(2)适时早栽,合理密植 移植期以11月上旬为宜。早栽情况下矮壮苗的移植密度以7 500株/667平方米为宜,一般秧苗以9 000株/667平方米为宜。

(3)科学施肥,早发稳长 沪油15前期生长量较小,必须通过肥水调运促冬壮早发。施肥原则,重施基肥或随根肥,早施苗肥和腊肥,严格控制薹肥,巧施花角肥。春前和春后肥比为3:1。

(4)深沟高畦,治虫防病 沪油15耐湿能力较差,油菜移植后需及时清理沟渠,三沟配套,使排水畅通,减少湿害。油菜苗期和越冬期做好蚜虫和菜青虫的防治工作,初花期和盛花期做好菌核病的防治工作。

(5)适时收获,丰产丰收 沪油15,落粒性特别好,当充分成熟时,角果会自然爆裂,适宜收获期是当全田80%角果呈现淡黄色,主轴大部分角果籽粒呈现黑褐色时收获。

(十三)宁杂1号

宁杂1号是由江苏省农业科学院经济作物研究所用雄性不育三系选育而成的双低油菜新品种。于1996年通过江苏省农作物新品种审定委员会审定,2000年通过国家农作物新品种审定委员会审定。

1. 特征特性和产量表现

宁杂 1 号属甘蓝型双低半冬性中熟杂交油菜品种。株高 180 厘米,一次分枝数 8～9 个,二次分枝数 4～5 个,根颈粗 2 厘米,主轴长 50～62 厘米,单株有效结角数 400 个,角果长度 6～6.5 厘米,每角 19～20 粒,千粒重 3.6～3.7 克。宁杂 1 号主茎叶片数 35～36 片,长柄叶 19～20 片,短柄叶 7 片,无柄叶 9 片。短柄叶宽大,侧裂叶 2～3 对,无柄叶叶耳较大。子叶肾脏形,幼茎青绿,叶色较深,叶柄扁圆,缩茎段粗壮,苗期长势旺,薹期易发棵,属冬春双发型。芥酸含量 1.42%,硫苷含量小于 30 微摩尔/克,含油率 38%～42%。

1998～1999 年度生产试验结果,3 省 1 市 7 个试点平均每 667 平方米产量 161.46 千克,比对照增产 2.45%。

2. 栽培要点

(1)适期早播早栽　淮河以北地区 9 月上旬播种,淮河以南地区 9 月中旬播种。

(2)适宜群体密度　每 667 平方米 200 千克以上产量,密度以每 667 平方米 8 000 株为宜。

(3)合理肥料运筹　每 667 平方米产量 200 千克的总施肥量为 20 千克纯氮,基肥、腊肥、薹肥为 5:3:2,缺硼地区要补施硼肥。

(4)看苗诊断协调生长　应用化学调控手段协调个体与群体间的矛盾。

(5)实行规模栽培　成片种植,保证双低品质。

(十四)宁杂3号

宁杂3号由江苏省农业科学院经济作物研究所用细胞质雄性不育三系选育法选育而成,其组合为宁A6×3075R。1999年由江苏省农作物新品种审定委员会审定。

1. 特征特性和产量表现

宁杂3号属甘蓝型双低半冬性中熟杂交种。子叶肾脏形,幼茎青绿,叶片宽大,叶色深绿,叶柄扁圆,叶缘呈波状锯齿,缩茎段粗壮,叶间距短,苗期长势旺。主茎叶片数35~36片,其中长柄叶19~20片,短柄叶7片,无柄叶9片。短柄叶叶头宽大,侧裂叶2~3对,无柄叶叶耳较大呈剪形,株高172.8厘米,根颈粗1.92厘米,主轴长58.4厘米,单株结角数439.5个,角长5.68厘米,每角21.8粒。据江苏省农科院食品所测定,芥酸含量0.39%,硫苷含量30.89微摩尔/克,含油率39.45%。

两年区试,宁杂3号在全省18个点平均每667平方米产量170.22千克,变幅为161.11~246.99千克。1998~1999年生产试种,平均每667平方米产量197.45千克。菌核病发病率5.84%,病指31.2。病毒病发病率14.81%,病指7.45。

2. 栽培要点

(1)适期早播早栽 宁杂3号适宜播种期,苏南地区9月20日左右,苏中地区9月15日左右,苏北地区9月10日左右。秋发栽培播种期可适当提早。移植秧龄一般为30~35天,叶龄6~7,根颈粗度0.5厘米,单株鲜重30~32克。秧苗大田比为 1 : 5～6。注意控制虫害与旺长。结合移植做好去杂工作,去除特大苗和落脚苗。

(2)适宜群体密度 宁杂 3 号的群体密度以每 667 平方米 8 000～10 000 株为宜,有利于建立合理的群体结构,适当扩(距)控株(距),以改善田间小气候,便于田间作业。

(3)合理肥料运筹 宁杂 3 号单位肥料生产力高于常规品种,在中等地力水平下,每 667 平方米产 200 千克的总施氮量为 20 千克左右,磷施用量为施氮量的 1/2,在缺钾土壤,钾肥施用量应和施氮量相当。施肥技术上,做到有机肥与无机肥相配合,氮、磷、钾三要素相结合,尤其在缺硼地区要补足硼肥。磷、钾、硼肥做基肥投入。基肥、腊肥、薹肥的比例以 5 : 2 : 3 为宜,可据土壤质地、基础地力及菜苗长势等变化,在保证基肥用量的基础上,适当调整腊肥、薹肥比例。

(4)看苗诊断协调生长 要注意整个生育过程田间群体的动态变化,发挥人的主观能动作用,加以调控。采取养蜂和去杂相结合,提高结角率、结实率和粒重。

(5)实行规模栽培 宁杂 3 号栽培中要注意稳优和保优,布局上应相对集中,连片种植,防止串花、混杂导致品质变劣,以保证双杂油菜的商品价值和产品的综合利用效益。

(十五)苏优 5 号

苏优 5 号由江苏省农业科学院经济作物研究所通过细胞质雄性不育三系选育法选育而成,其杂交组合为宁 A 6×3018R。2000 年通过江苏省农作物品种审定委员会审定。

1. 特征特性和产量表现

苏优 5 号属甘蓝型双低半冬性中熟杂交种。子叶肾脏形，幼茎青绿，叶片宽大，叶色深绿，叶柄扁圆，叶缘呈波状锯齿，缩茎段粗壮，叶间距短，苗期长势旺。主茎叶片数 35～36 片，其中长柄叶 19～20 片，短柄叶 7 片，无柄叶 9 片。短柄叶叶头宽大，侧裂叶 2～3 对，无柄叶叶耳较大呈剪形，株高 170.9 厘米，根颈粗 2 厘米，主轴长 56.8 厘米，单株结角数 445.2 个，角长 6.15 厘米，每角 20.5 粒。芥酸含量 0.3%，硫苷 21.93 微摩尔/克，含油率 39.88%。菌核病发病率 15.4%，病指 1.7。病毒病发病率 8.02%，病指 5.45。抗倒性强。

两年区试，苏优 5 号在全省 18 个点平均每 667 平方米产量 202.7 千克，变幅 160.78～235.22 千克，属高产稳产类型。

2. 栽培要点

(1)适期早播早栽　苏优 5 号适宜播种期，苏南地区 9 月 20 日左右，苏中地区 9 月 15 日左右，苏北地区 9 月 10 日左右。秋发栽培播种期可适当提早。移植秧龄一般为 30～35 天，叶龄 6～7，根颈粗度 0.5 厘米，单株鲜重 30～32 克。秧田、大田比 1∶5～6 为宜。

(2)适宜群体密度　苏优 5 号群体密度以每 667 平方米 8 000～10 000 株为宜，有利于建立合理的群体结构，适当扩行(距)控株(距)，改善田间小气候，便于田间作业。

(3)合理肥料运筹　苏优 5 号单位肥料生产力高于常规品种，在中等地力水平下，每 667 平方米产 200 千克的总施氮量为 20 千克左右，磷施用量为施氮量的 1/2，在缺钾土壤，钾肥施用量应与施氮量相当。施肥技术上，做到有机与无机相配合,氮、磷、钾三要素相结合,尤其在缺硼地区要补足硼肥。磷、钾、硼肥做基肥投入。基肥、腊肥、薹肥的比例以5:3:2为宜,可根据土壤质地、基础地力及菜苗长势等变化,在保证基肥用量的基础上,适当调整腊肥、薹肥比例。

(4)看苗诊断协调生长　要注意整个生育过程田间群体的动态变化,加以调控。包括掌握群体主要性状指标和叶色黄、黑变化,采用肥、水、中耕及化调化控等措施;掌握田间病虫草害发生规律,采取化学除草药物治疗;采取养蜂和去杂相结合,提高结角率、结实率和粒重。

(5)实行规模栽培　苏优5号栽培应相对集中,连片种植,防止串花、混杂导致品质变劣。

(十六)宁油 10 号

宁油 10 号由江苏省农业科学院经济作物研究所用86Y156 黄籽品系和86YQ2 黄褐籽杂交选育而成。1997 年经江苏省农作物品种审定委员会审定。2001 年通过国家农作物品种审定委员会审定。

1. 特征特性和产量表现

宁油 10 号属甘蓝型油菜半冬性中熟品种类型。苗期叶色深绿,叶片厚,柄短,叶头长。侧裂叶 2~3 对,单株叶片数多,叶面密被蜡粉。株型紧凑,越冬半直立,冬前长势稳健。株高160~170 厘米,一次分枝 7~9 个,很少有次生分枝,单株结角 300 个左右,角果长度 6 厘米左右,每角种子数 19~21 粒。籽粒大,粒重高(千粒重 4.5 克以上)。芥酸含量<1%,硫苷含量<10 微摩尔/克,含油率 41.7%。抗倒、抗病性强,群体黄籽

率 75％以上。1998～1999 年度长江下游区试 9 点平均每 667 平方米产量 173.15 千克,比对照增产 7.74％(极显著)。1999～2000 年全国冬油菜长江下游片生产试验结果,6 点平均宁油 10 号每 667 平方米产量 139.6 千克,列参试品种的第一位。

2. 栽培要点

(1)适期早播 育苗移植的适宜播种期,苏北为 9 月 5～15 日,苏中为 9 月 10～20 日,苏南为 9 月 15～25 日。直播的适宜播种期为 9 月中下旬。

(2)培育壮苗 苗床与大田比控制在 1：5～6,施足底肥,施用硼肥(每 667 平方米苗床用硼砂 0.5 千克)和磷钾肥。

(3)合理密植 移植大田,每 667 平方米 9 000～10 000 株,株行距为 16.5～19.8 厘米×40 厘米。栽足基本苗,保证每 667 平方米总有效角数 300 万个左右。

(4)科学用肥 施足基肥,基肥以有机肥为主,搭配使用部分速效肥,基肥总氮量应占油菜一生总施肥量的 65％左右。氮、磷、钾配合,每 667 平方米用硼砂 0.5 千克。越冬期间要施用腊肥(占总用肥量的 15％～20％),促进壮苗越冬。施好薹肥。宁油 10 号返青抽薹慢,宜早施薹肥,促进生长。见薹(2～3 厘米)便可施用,每 667 平方米可施尿素 10 千克左右。

(5)防治菌核病 于初花、盛花期用多菌灵、菌核净、菌核消等喷雾防治菌核病。

(十七)苏油 1 号

苏油 1 号双低油菜新品种由江苏省太湖地区农科所荣选

372 Wesroona 杂交后代,优株系中定向培育而成。于1999年8月经江苏省农作物品种审定委员会审定。

1. 特征特性和产量表现

苏油1号属半冬性中熟甘蓝型油菜。苗期呈半直立,越冬习性为半直立至略匍匐,叶片大而多,叶缘钝齿状,叶色深绿,繁茂性好。株高在170厘米左右,株型较紧凑,茎秆粗壮,枝条坚韧挺拔,富有弹性,分枝性较强,一次有效分枝数8～9个,二次有效分枝数5～7个,花序较长,始花略晚,开花期集中,结角数多而紧密,每厘米1.2～1.3个,角果着生平展略斜上,全株有效结角数350～400个,角果长5.5～6厘米,每角结籽19～20粒,千粒重4克以上。菜籽含油率,5年平均为40.1%(±1.16%)。油脂中的脂肪酸组成含量为棕榈酸5.6%,油酸60.4%,亚油酸20.92%,亚麻酸8.43%,甘碳烯酸2.3%。经农业部油料及制品质量监督检测中心等单位做综合品质测定,芥酸含量0.245%,硫苷含量24.3微摩尔/克。

苏油1号一般9月25日左右播种,常年在5月25～27日成熟。耐寒性、抗倒性较强。菌核病比对照减少16.15%;病毒病比对照减少9.77%,总体抗逆性较好。

苏油1号于1994～1996年苏州市品比,两年8个点平均每667平方米产量187.61千克,列第一位。1996～1997年苏州市生产试验,4个点平均每667平方米产量165.1千克。1996～1998年江苏省区域试验,2年17个点平均每667平方米产量161.21千克,在优质常规油菜品种中产量均第一位。1999年张家港锦丰和太仓归庄点丰产方平均每667平方米产量达250千克,高产田块每667平方米产量达280.2千克以上。

2. 栽培要点

(1)适期早播,培育大壮苗 苏南地区的适宜播期在 9 月 20 日左右,以不超过 25 日为好。苗床期要注意抓好稀播、足肥、化控等 3 个环节,并适时喷药防治蚜虫与菜青虫,确保移植时达到大壮苗标准。

(2)适当早栽、密植,控制群体总量 移植期一般宜在 10 月底或 11 月初。密度一般每 667 平方米不少于 8 000 株,地力差的应加大到 667 平方米栽 10 000 株;水稻茬晚(套)直播每 667 平方米密度应在 40 000~50 000 株。

(3)科学施肥,合理化调 每 667 平方米产 200 千克左右时适当的施氮素肥量在 18 千克左右,配合施氮、磷、钾素之比例宜为 1:0.4~0.5:0.7;在肥料的运筹上重基肥、面肥,补冬前苗肥,适度重施薹花肥并适当早施,其配比以 5:2:3 为好。同时应重视增施硼肥,以提高结实率。冬发或春发过足的要视苗势喷多效唑,以增强抗倒能力。

(4)重视三防,控制三害 在大田苗期与返青期要注意喷药防治蚜虫与菜青虫,以杜绝病毒病的传播。对圩田和稻板田栽培油菜的要先开沟再种菜,并三沟配套畅通,保持土壤湿润而无涝渍,以利通气发根,提高成活率。在成活后要及时喷除草剂,最好用药 2 次,返青期应结合中耕培土喷除草剂。花期要适时喷药防治菌核病害。

(5)严格种子质量,优化种植环境 在确保种子纯度的前提下,切忌与品质较差的常规油菜品种夹种,较适宜的间隔距离是不少于 500 米,要成片种植,最好集中区域生产,确保其种性和优良品质的相对稳定。

（十八）淮杂油 1 号

淮杂油 1 号系江苏徐淮地区淮阴农业科学研究所选育的甘蓝型双低杂交油菜种，2001 年通过江苏省农作物品种审定委员会审定。

1. 特征特性和产量表现

淮杂油 1 号属甘蓝型半冬性中熟杂交品种，幼苗半直立，叶色较深，叶柄短，叶头大，叶面平整、光滑，2～3 对侧裂叶。株高 165～180 厘米，茎秆微紫。中生型分枝，分枝部位偏低，分点高 30～60 厘米。株型紧凑，分枝与主茎呈 0°～40°角。分枝性强，一次分枝 8～10 个，二次分枝 8～12 个，中长角，角长 6～8 厘米。籽粒近圆形，种皮黑褐色。全生育期 238～240 天，淮北地区一般在 5 月 23～25 日成熟。

淮杂油 1 号品质优良。1999～2001 年从试验区多次抽样送农业部油料及制品质量监督检验测试中心和江苏农科院经济作物研究所测定，芥酸含量 0%～0.24%，油酸、亚油酸含量 ＞82%，硫苷 20～40 微摩尔/克，含油率 39.97%～41.2%。

1998～2000 年度淮杂油 1 号病毒病发病率为 9% 左右，病指＜5，菌核病有零星发生；2000～2001 年度油菜菌核病为偏重发生年份，淮杂油 1 号发病率 22.4%，病指 13.7。淮杂油 1 号病毒病较轻，1999 年秋蚜虫危害较重，病毒病发病株率只有 10.8%。淮杂油 1 号抗寒性中等，1999 年冬季受低温侵袭，12 月中下旬连续 1 周以上气温降至 −4℃ 左右，最低气温达 −10℃，淮杂油 1 号受冻率 86.5%，冻指 27.4，植株无冻死。

淮杂油 1 号 1998～2000 年度参加江苏省优质油菜区域试验中，两年 9 个点平均产量 201.5 千克/667 平方米。2000～2001 年参加江苏省优质杂交油菜生产试验，5 个点平均产量 180.6 千克/667 平方米。2000～2001 年在淮阴区五里乡进行示范种植 6.8 公顷，平均产量 3 225 千克/公顷。

2. 栽培要点

(1)育苗移植或直播均可　育苗移植适宜播种期为 9 月中旬，10 月下旬移植，苗龄控制在 35 天以内，达到壮苗移植。移植行距 0.4 米，株距 0.18～0.25 米。直播种植宜在 9 月下旬至 10 月上旬播种，穴播或条播，行距 0.35～0.4 米，10 月中旬间苗，10 月下旬至 11 月上旬定苗，株距 0.15～0.22 米。

(2)合理施肥　全生育期总施氮量 15～20 千克/667 平方米，基肥、腊肥、薹肥比例 5∶2∶3，并配合施用磷、钾肥和硫、硼等微量元素，以满足油菜生长的需要。

(3)病虫害防治　春季是蚜虫和菌核病盛发期，经常进行虫口密度和病情情况调查，及时采取防治措施。

（十九）淮油 16 号

淮油 16 号是江苏省徐淮地区淮阴农业科学研究所利用国外双低甘蓝油菜品种 Wesbrook，采用系统育种手段，进行田间选择与化学筛选相结合选育而成的双低甘蓝型油菜新品种，1999 年 8 月通过江苏省农作物品种审定委员会审定。

1. 特征特性和产量表现

淮油 16 号株高 160 厘米左右，中生型分枝，一次分枝

8.5个,二次分枝6.1个。单株有效结角350～400个,每角19.7粒,千粒重3.48克。全生育期240天,属甘蓝型中熟品种。芥酸含量0.82%～1.91%,油酸、亚油酸含量78.5%,硫苷含量26.61～40微摩尔/克,含油率39.34%～41.46%。

淮油16号茎秆粗壮,有韧性,抗倒性好,抗寒性强,抗病性中等,在冻害、病害均重发生的1997～1998年度表现突出。

1994～1996年江苏省优质油菜新品系联合鉴定试验中,两年平均每667平方米产量176.5千克,比对照增产6.33%;1996～1998年在江苏省优质油菜区域试验中,两年平均每667平方米产量143.52千克,比对照增产6.3%。1998～1999年度在江苏省优质常规油菜生产试验中,5点平均每667平方米产157.96千克。淮油16号稳产性好,据1996～1998年江苏省区试稳产性分析,两年17点次回归系数为0.9,属稳定型。

2. 栽培要点

(1)适期播种,合理密植 淮北地区于9月10～18日育苗,适宜移植期为10月中下旬,密度为9 000～11 000株/667平方米。直播期为9月25日至10月15日,采用条播或者穴播,条播行距33厘米,穴播每穴2～3粒种子,每667平方米1.2万穴左右。出苗后及时间苗,10月下旬定苗。

(2)合理施肥 总施氮量15～20千克/667平方米,基肥、腊肥、薹肥比例为5:3:2,配合施磷、钾、硼及有机肥。

(3)加强田间管理 冬前培土防冻,及时防治虫害,抽薹至花期防治菌核病。在低洼地块种植应注意排水。另外,为保持淮油16号的优良品系,应连片种植。

（二十）镇油 2 号

镇油 2 号是江苏省丘陵地区镇江农业科学研究所,用常规油菜品种宁油 7 号作母本,德国引进的双低油菜品种 CHR167 作父本杂交,经多年自交分离定向选育而成的双低甘蓝型油菜新品种,1999 年通过江苏省农作物品种审定委员会审定。

1. 特征特性和产量表现

镇油 2 号株高 170 厘米,一次有效分枝 9～10 个,二次有效分枝 5～9 个,单株有效角果数 380～400 个,每角粒数 20 粒,千粒重 3.7 克左右。5 月 23～25 日成熟,全生育期 240 天左右,属甘蓝型中熟品种。镇油 2 号品质性状稳定,经江苏省农科院经济作物研究所连续 3 年测定,平均芥酸含量 1.6%,硫苷含量 23.46 微摩尔/克,含油率 39.55%。

镇油 2 号在各级试验中均表现出较高的产量水平。1998～1999 年度参加江苏省优质油菜生产试验,5 个点平均每 667 平方米产量 160.4 千克,比对照增产 8.32%,居参试品系之首。

2. 栽培要点

(1)适期早播,培育壮苗　苏北地区宜在 9 月 5～10 日播种,苏中和苏南地区宜在 9 月 10～20 日播种,秧龄 40 天左右,秧田、大田比 1∶5～6 为宜,做到稀播、匀播,确保壮苗移植。

(2)合理密植,科学用肥　移植密度视地力和施肥水平而定，一般每 667 平方米移植 0.8 万～1 万株。栽前施足基肥，基肥应以有机肥为主配施部分速效肥。每 667 平方米施纯氮 15～20 千克，并保证氮、磷、钾、硼相配合。移植活棵后早施提苗肥，确保壮苗越冬。薹肥宜适当早施，一般在薹高 2～3 厘米时施用。

（3）防治病虫草害　搞好田间杂草化除，并及时防治病虫害，尤其要做好花期的菌核病防治工作。

（二十一）镇油 3 号

镇油 3 号是江苏省丘陵地区镇江农业科学研究所用双低油菜品系 8901 作母本，(8901×湘油 10 号)作父本杂交，经多年连续套袋自交，定向选育而成。2001 年经江苏省农作物品种审定委员会审定。

1. 特征特性和产量表现

镇油 3 号株高 170 厘米左右，分枝高度 50 厘米，分枝性中等，一次有效分枝 8～10 个，二次有效分枝 4～6 个，单株有效角果数 350～400 个，每角约 20 粒，千粒重 3.8～4 克。5 月 23～25 日成熟，全生育期 240 天左右，属甘蓝型中熟品种。镇油 3 号品质性状稳定，经江苏省农业科学院食品研究所测定，芥酸含量 1.37%，硫苷含量 24.88 微摩尔/克，含油率 39.67%。镇油 3 号抗菌核病、病毒病均较强，冻害轻，抗倒伏。

镇油 3 号 1996～1997 年度参加品系比较试验，平均单产 178.5 千克/667 平方米。1998～2000 年度连续两年参加江苏省优质油菜区域试验，平均单产 186.3 千克/667 平方米。2000～2001 年度参加江苏省优质油菜生产试验，全省 5 个点均比对照增产,平均单产 165.8 千克/667 平方米,居参试品系首位,比对照增产 9.03%。2000 年开始在生产上进行示范试种,单产一般在 180 千克/667 平方米左右,高产田块达 200千克/667 平方米以上。

2. 栽培要点

(1)适时早播早栽 江苏和安徽的北部地区宜在 9 月 5日左右播种,中部地区在 9 月 10 日左右播种,南部地区可在9 月 15～25 日播种,秧龄 40 天左右,做到稀播、匀播,并及时间苗,保证壮苗移植。直播田块可在 9 月中下旬播种。

(2)合理密植 移植密度 8 000～10 000 株/667 平方米,直播宜 12 000～15 000 株/667 平方米。

(3)科学用肥 每 667 平方米施纯氮 22 千克左右,重施基肥,适当早施提苗肥和薹肥。其中基肥应占总施肥量的60%,并保证氮、磷、钾、硼相配合,移植活棵后早施苗肥,保证壮苗越冬,薹肥宜适当早施,一般掌握在 1 月下旬或 2 月初,薹高 2～3 厘米时施用。

(4)防治病虫草害 及时清沟理墒,防治病虫草害,尤其应注意花期的菌核病防治工作。

(二十二)扬油 4 号

扬油 4 号系江苏里下河地区农业科学研究所杂交选育的常规双低甘蓝型油菜新品种,其组合为 13×8705。2001 年 7月通过江苏省农作物品种审定委员会审定。

1. 特征特性和产量表现

扬油 4 号属半冬性,中熟型,双低甘蓝型油菜。生育进程表现为返青抽薹迅速,花期较集中,籽粒灌浆充实较快。成熟期适中,常年于 5 月 24 日成熟,比对照早熟 1 天。

扬油 4 号在不同生育阶段均表现较明显生长优势。移植期叶龄 8 天,根颈粗 0.67 厘米,单株叶面积 407.09 平方厘米,单株鲜重 23.14 克,分别比对照增 14.3%、8.1%、14.2% 和 12.6%;越冬期叶龄 14 天,根颈粗 1.22 厘米,开展度 37.8 厘米,单株鲜重 33.76 克,分别比对照增 7.7%、5.2%、6.8% 和 8.1%;抽薹期根颈粗 1.64 厘米,开展度 44.2 厘米,单株叶面积 1872.18 平方厘米,单株鲜重 157.9 克,分别比对照增 7.9%、10.5%、12.3% 和 14.8%;盛花期根颈粗 2.37 厘米,全株绿叶数 67 片,叶指 4.37,单株鲜重 508.5 克,分别比对照增 13.4%、9.8%、2.1% 和 11.1%。

扬油 4 号株型紧凑,主轴突出,株高 180.5 厘米,主轴 64 厘米,每角粒数 21.3 粒,千粒重 3.84 克,分别比对照增 5.9%、7.4%、6.3% 和 4.1%;单株角果数 453.9 个。

据农业部油料及制品质量监督检验测试中心测试,扬油 4 号芥酸含量 0.27%,硫苷含量 22.51 微摩尔/克,含油率 40.15%。

扬油 4 号较耐病毒病,发病率为 2.19%;菌核病轻,发病率 6.77%;耐寒性中等偏强,1999~2000 年度在极不利的气候条件下,受冻率为 23.8%,虽大部分受冻,但冻害级别较低,仅为 1~2 级。抗倒性较强,两年区试、示范均无倒伏现象。

1998~2000 年度两年参加省区域试验,平均每 667 平方米产量 196.7 千克,比对照增产 4.41%,位居同类型品种之首,其中以南京点两年平均每 667 平方米产量高达 205.9 千克。在大面积示范种植中,1999~2000 年度在泰州市示范种植 2.6 公顷,平均每公顷产量 3500 千克。2000~2001 年度新洋农场种植 13 公顷,平均每公顷产量 3000 千克。

2. 栽培要点

(1)适期早播,培育壮苗 扬油 4 号适宜播种期 9 月 20 日左右,要在适宜播种期范围内尽可能抢早,并要抓好稀播、足肥、化控三个环节。每 667 平方米秧田播种量宜在 500~700 克,秧田与大田的比例 1∶6~7。苗床基肥每 667 平方米可施腐熟猪粪 500~700 千克或酵素菌有机肥 100~200 千克,碳酸氢铵 25~30 千克,过磷酸钙 40~50 千克,硼砂 0.5千克。3 叶期看苗化控,一般每 667 平方米喷 15% 多效唑40~50 克,及时间苗、定苗,每平方米留苗 100~120 株,并防治好菜青虫和蚜虫。

(2)适期早栽,控制基础群体 移植期宜在油菜叶龄 7~8 天,秧龄 35~40 天,根颈粗 0.6~0.8 厘米时进行。扬油 4号中、后期生长势强,栽培上要注意建立合理的基础群体,在高产栽培条件下适宜的移植密度为每 667 平方米 7 000~8 000 株。

(二十三)浙双 3 号

浙双 3 号是浙江省农业科学院作物育种栽培研究所油菜育种组育成的高产双低油菜新品种。2001 年通过全国品种审定委员会审定。母本为本院育成的高产、抗病品系 82769,父本为(扬 2008×鲁 6)F$_3$ 的双低、长角、大粒株系,经杂交分离后,从选择的大量株系通过田间鉴定和实验室品质鉴定选育而成。

1. 特征特性和产量表现

浙双 3 号幼苗直立,叶片深绿色,薹茎粗壮。株高 158 厘米,有效分枝位 43 厘米,单株一次有效分枝数 8.5 个,二次有效分枝数 8.7 个,单株有效角果数 400.4 个,每角粒数 19.2 粒,千粒重 3.95 克。经中油所品质检测结果,芥酸含量 0.33%,硫苷含量 21.09 微摩尔/克,含油率 42.9%。区试抗性调查结果,菌核病株发病率为 13.1%,对照为 14.1%,病情指数为 7.92,对照为 7.7;病毒病株发病率为 5.95%,对照为 11%。

1997~1999 年连续 3 年参加长江下游片区试,平均每 667 平方米产量分别为 161.9 千克,95.83 千克,168.67 千克。其中 1997 年度比对照增产 15%。一般每 667 平方米产量 150~180 千克,高产田块达 200 千克。

2. 栽培要点

(1)适时早播,合理密植　移植油菜一般 9 月底至 10 月初播种,秧龄控制在 35 天左右,直播油菜 10 月中旬播种,一般不超过 10 月 25 日。移植密度 8 000~9 000 株/667 平方米,直播留苗 15 000~20 000 株/667 平方米,早播宜稀,迟播宜密,播种方式以条播为好。

(2)科学用肥　浙双 3 号属多枝多角中等粒重类型,要求重施基肥、苗肥,增施磷、钾肥,勿忘施硼肥。一般基、苗肥用量占施肥量的 2/3,薹花肥占总施肥量的 1/3。硼肥基肥,一般硼砂用量 1 千克/667 平方米;苗期、薹期再各喷洒 1 次,每次

150 克/667 平方米,效果更好。

(3)防治病虫害,适期收获　苗期重点治好蚜虫,预防病毒病发生,花期做好菌核病防治。浙双 3 号属高含油量品种,割青将严重影响产量和含油量。打堆后熟后脱粒。

(二十四)浙双 6 号

浙双 6 号是浙江省农业科学院作物育种栽培研究所油菜育种组育成的高产双低油菜新品种。其母本为该院低芥酸早熟品种芥 65,父本为双低品系双 8。于 2002 年通过浙江省农作物品种审定委员会油菜专业组考察预审。

1. 特征特性和产量表现

浙双 6 号全生育期为 226 天。幼苗半直立,叶片厚大,叶色深绿微紫,薹茎粗壮,微紫。株高中等 158.9 厘米左右,有效分枝位 42.3 厘米,一次有效分枝数 7.7 个,单株有效角果数 366.2 个,每角 20.9 粒,千粒重 4.3 克,芥酸含量<1%,硫苷含量<25 微摩尔/克,含油率 40%～42%。抗病、抗倒、耐湿性强。2000 年省种子管理站委托浙江省农科院植物所抗病性鉴定结果,菌核病病情指数为 36,病毒病病情指数 38.67。明显优于其他参试品种。

2000,2001 两年参加浙江省油菜区试,平均 667 平方米产量 135.5 千克和 141.8 千克。2002 年全国区试 667 平方米平均产量 142.93 千克,居参试品种之首位。嘉兴市 1998,1999 两年市区试结果,平均每 667 平方米产量 162.5 千克和 167.7 千克。1999 年度杭州市区试结果,平均每 667 平方米产量 177.2 千克,居参试品种之首位。同年慈溪市品比试验结果,平均每667平方米产量189千克,居参试品种之首位。

2. 栽培要点

(1)适时早播 移植油菜9月20～25日播种,11月上旬移植,秧龄30～35天左右。直播油菜10月中旬播种,一般不超过10月底。

(2)合理密植 移植油菜一般每667平方米密度8 000～9 000株,直播油菜每667平方米留苗1.5万～2万株,早播宜稀些,迟播宜密些。

(3)科学用肥 浙双6号属多枝多角大粒型品种,一次分枝较多,二次分枝较少,要求重施基苗肥,增施磷钾肥,勿忘施硼肥。一般要求基苗肥占总施肥量的2/3,薹花肥占总施肥量的1/3。硼肥基施,一般用量1千克/667平方米。苗、薹期喷硼各1次,每次每667平方米用硼砂量100～150克,用热水化开后,对水50升喷施。

(4)加强田间管理 做好病虫草害综合防治。浙双6号苗期叶片大,苗期要及早间苗,并做好蚜虫和菜青虫的防治工作,年后做好开沟排水,防渍害。

(5)严禁割青,建议打堆后熟 浙双6号属大粒型品种。割青将严重影响产量和含油率。

(6)保持种性 连片种植,防止生物学混杂。

(二十五)浙双72号

浙双72号是浙江省农业科学院作物育种栽培研究所用宁油7号为母本,澳大利亚双低品种马努为父本杂交育成的。于2001年4月通过浙江省农作物品种审定委员会审定。2001

年 8 月被农业部列为长江流域双低油菜主推品种之一。同年被浙江省科技厅列为重点推广品种。2001 年成为科技部第一批农业科技成果转化资金资助项目。

1. 特征特性和产量表现

浙双 72 号株高适中,生长清秀,茎叶淡绿色,分枝位低,分枝数多,单株角果数和每角粒数较多,角果长,千粒重高,种子黑色。一般株高 150～160 厘米,有效分枝位 20 厘米,一次分枝 8.5 个,二次分枝 5～8 个,主花序长 58 厘米,单株角果数 390 个,每角粒数 20 粒,千粒重 4.3 克左右。农业部油料及制品质量检测中心检测结果,其含油量 43.5%,芥酸 0.67%,硫苷 22.73 微摩尔/克。浙双 72 号属冬、春双发类型,熟期理想,耐湿性强,耐迟直播,符合节本高效农业发展的需要。

据浙江省 1997 和 1999 年两年省区试结果,浙双 72 号全生育期平均为 218 天,属甘蓝型早中熟油菜类型。

1997～1999 年省区试,平均每 667 平方米产量 137.28 千克。2000 年省生产试验,平均每 667 平方米产量 143.4 千克。2001 年江西省区试,平均每 667 平方米产量 132.19 千克。一般每 667 平方米产量 150～180 千克,667 平方米最高产量达 267 千克。

浙双 72 改善了甘蓝型油菜薹常有的苦涩味,菜薹可鲜食或加工成脱水蔬菜,每 667 平方米约增加产值 100 元,采薹后对产量、品质无明显影响。经品质检测结果,其菜薹的维生素 C,维生素 B_1,维生素 B_2 和人体必需的微量元素锌、硒均高于一般的青菜薹。

2. 栽培要点

(1)适时早播　移植油菜 9 月底至 10 月初播种,11 月上旬移植,秧龄 35 天左右。直播油菜 10 月中旬播种,一般不超过 10 月 23 日。

(2)合理密植　移植油菜一般每 667 平方米密度,浙南 7 000～8 000 株,浙北地区 8 000～9 000 株。直播油菜每 667 平方米留苗 1.5 万～2 万株,早播稀些,迟播宜密些,直播方式以条播为好。

(3)科学用肥　浙双 72 号属多枝多角大粒型品种,要求重施基、苗肥,适施薹花肥,增施磷、硼肥。一般要求基苗肥占总施肥量的 2/3,薹花肥占总施肥量的 1/3。每 667 平方米施过磷酸钙 50 千克,做基肥和腊肥 2 次施用。硼肥基施 1 千克/667 平方米。苗、薹喷施每次 100～150 克/667 平方米。

(4)年前防冻,年后防渍害　浙双 72 号茎叶淡绿色,要求越冬苗体老健,防止肥料过多遭冻害。年后做好开沟排水,防渍害。

(5)严禁割青,建议打堆后熟　浙双 72 号属大粒型,高含油量品种。割青将严重影响产量和含油量。

(6)油蔬两用栽培　一般基苗肥适量多施,在主茎高 30～35 厘米时,选晴天下午摘薹长 10～15 厘米,摘后视苗情适量施用氮肥,有利于下部分枝长成有效分枝。

(二十六)浙双 758

浙双 758 是浙江省农业科学院作物育种栽培研究所油菜组从原浙油 758 中经系统选育而成的高产双低油菜新品种。

于 2002 年 5 月通过浙江省农作物品种审定委员会油菜专业组考察预审。

1. 特征特性和产量表现

浙双 758 幼苗直立,叶大绿色,苗期生长快,薹茎粗壮,绿色,花黄色。植株高大,分枝位高,荚层厚,角果中长,着粒密,籽粒黑色、圆形。株高 168.5 厘米,有效分枝位 43.6 厘米,单株一次有效分枝数 7.1 个,二次有效分枝数 4.7 个,单株有效角果数 357 个,每角粒数 23.6 粒,千粒重 3.8 克,属多荚多粒中等粒重类型。

经浙江省粮油品质检测中心检测结果,其芥酸含量 1.1%,硫苷含量 18.4 微摩尔/克,含油率 44.9%。浙双 758 全生育期 221.8 天,适宜于长江下游地区推广种植。

2000～2001 年省油菜区试,平均每 667 平方米产量 135.7 千克。2000～2001 年度杭州市区试结果,平均每 667 平方米产量 137.5 千克。浙双 758 经多年种植,表现抗病、耐湿性强。1998 年出现历史上罕见的烂冬和 2002 年出现历史上罕见烂春年,浙双 758 与对照相比增产幅度更大。

2. 栽培要点

(1)适时早播,合理密植 浙双 758 属半冬性类型,早播不易早薹早花,移植油菜当地一般 9 月下旬播种,秧龄 30～35 天。直播油菜 10 月中旬播种,一般不超过 10 月 25 日。移植密度 8 000 株/667 平方米,直播留苗 1.5 万株/667 平方米以上,早播宜稀,迟播宜密。

(2)科学用肥 浙双 758 株型高大,要求肥水充足,产量潜力容易发挥,一般要求重施基、苗肥,增施磷、钾肥,勿忘施硼肥，一般硼砂用量 1 千克/667 平方米；苗期、薹期再各喷施 1 次，每次 150 克/667 平方米，以硼肥基施效果更好。

（3）防治病虫害，适期收获　浙双 758 苗期生长旺，重点做好蚜虫和菜青虫防治，花期做好开沟排水和菌核病防治。

（二十七）皖油 14

皖油 14 是由安徽省农业科学院作物育种栽培研究所用 9012A×4485-88 配组选育而成，于 1998 年通过安徽省农作物品种审定委员会审定，2000 年全国农作物品种审定委员会审定。

1. 特征特性和产量表现

皖油 14 为甘蓝型半冬性核不育两系油菜杂交种，春前苗期生长缓慢，春后生长加快，初花期较迟，花期集中整齐，全生育期 230 天左右。幼苗直立，茎秆韧性好，不易折倒。叶色浓绿，长柄，叶侧裂片 2～3 对，缺刻较深，顶裂片椭圆，叶缘锯齿状。花瓣较大，侧叠覆瓦状，黄色。株高 140 厘米左右，株型紧凑，一次有效分枝 7～9 个，二次分枝 5～6 个，单株有效角果数 420 个左右，每角粒数 20 粒，千粒重约 3.8 克，芥酸含量为 0.36%，硫苷含量为 31.22 微摩尔/克，含油率为 44.3%。抗寒性强，对病毒病、菌核病抗性较强，耐渍性一般。

1997～1998 年度参加全国（长江下游）油菜区试，平均每 667 平方米产量为 111.11 千克，比对照增产 16.3%。1998～1999 年度全国区试平均每 667 平方米产量 175.36 千克，比对照增产 8.85%。

2. 栽培要点

(1)早播早栽,促进年前秋发,年后高产早熟 播种期应比当地甘蓝型油菜正常播种早5~7天。

(2)重施底肥,早追苗肥,增施磷、钾、硼肥 每667平方米产量200千克。施肥标准为纯氮肥17.5千克,磷、钾减半,全部底施。氮肥以总肥量的50%做底肥,30%做年前苗肥,20%做蕾薹肥,在年后抽薹前施用。切忌薹期偏施化学氮肥。缺硼田块每667平方米底施0.75~1千克,如遇长期干旱天气,在蕾薹期再喷施1次硼肥。

(3)注意及时治虫除草 开好三沟,防止水渍。

(4)连片种植,单收单贮 以保证生产出合格的双低商品菜籽。二代不能留种。

(二十八)皖油18

皖油18是安徽省农业科学院作物育种栽培研究所利用隐性上位互作核不育育成的强优势甘蓝型油菜杂交种,其组合为9012A×8904,于2002年通过全国农作物品种审定委员会审定。

1. 特征特性和产量表现

皖油18属甘蓝型油菜半冬性双低杂交种,春前苗期生长相对缓慢,春后生长加快。株高150厘米左右,幼苗半直立,叶色深绿。一般一次有效分枝7~9个,二次分枝6~7个,全株有效角果数400~500个,每角18~21粒,千粒重3.8克。全生育期225天左右。经农业部油料及制品质量监督检测中心检测,含油率为 43.04%,芥酸含量为 4.92%,硫苷含量为 28.54 微摩尔/克。皖油 18 对菌核病、病毒病的抗(耐)性较强。抗冻性强。

1996～1998 年度参加安徽省杂交油菜区试单产 156.1 千克/667 平方米。1998～1999 年度参加安徽省杂交油菜生产试验,平均单产 166.8 千克/667 平方米。1999～2000 年度参加全国油菜区试,平均单产 200.6 千克/667 平方米。1999～2002 年,在安徽巢湖、寿县、五河、贵池等地进行试种示范,高产田块单产达 250 千克/667 平方米以上。

2. 栽培要点

(1)早播早栽,促进年前秋发,年后高产早熟 播种期应比当地普通甘蓝型油菜品种正常播种早 5 天。江淮地区育苗移植宜在 9 月上、中旬播种,直播宜于 9 月底 10 月初播种,淮北和江南地区可在此基础上适当提早或推迟 5 天左右。密度中等肥力田块,移植 8 000～10 000 株/667 平方米,直播 12 000～15 000 株/667 平方米,每穴留双株。移植苗龄不超过 40 天。

(2)重施底肥,早追苗肥,增施磷、钾、硼肥 单产 200 千克/667 平方米,施肥标准为纯氮肥 17.5 千克/667 平方米,磷、钾减半,全部底施。氮肥以总肥量的 50% 做底肥,30% 做年前苗肥,20% 做蕾薹肥,在年后抽薹前施用。切忌薹期偏施化学氮肥。缺硼田块底施硼肥 0.8～1 千克/667 平方米,如遇长期干旱天气,在蕾薹期再喷施 1 次硼肥。

(3)注意及时治虫除草 开好三沟,防止水渍。

(4)连片种植,单收单贮 优质油菜种植区内不得种植其他非优质油菜品种和其他十字花科植株,并在种植区设置

500 米以上的隔离带。成熟后单收单贮,以利综合加工利用。

(二十九)皖油 17

皖油 17 是安徽省滁州市农业科学院选育的双低甘蓝型杂交油菜新品种,2001 年通过安徽省农作物品种审定委员会审定。

1. 特征特性和产量表现

皖油 17 属偏春性类型油菜,幼苗直立叶绿色。顶、裂片圆形,侧裂叶 1～2 对,秆青或微紫,均生分枝。在中等肥力田块以 10 000 株/667 平方米为宜。株高 160 厘米,一次有效分枝 8～10 个,全株有效角果数 350 个以上,角粒数 20～25 粒,千粒重 3.5～4 克,芥酸含量为 0.36%,硫苷含量 34.52 微摩尔/克,粗脂肪 42.18%。皖油 17 江淮之间适期播种,全生育期 222 天左右。皖油 17 生长繁茂,耐寒耐湿,病毒病发病指数常年较低。

1998～2000 年度参加安徽省油菜区域试验,平均单产 180.3 千克/667 平方米,较对照增产 7.96%;2000～2001 年参加省生产试验,平均单产 165.4 千克/667 平方米,比对照增产 6.3%,一般平均单产 175 千克/667 平方米左右。

2. 栽培要点

(1)适时早播 9 月 5 日左右是皖油 17 的适宜播种期。播种前按秧田和移植田 1∶5 的比例留好秧田,要求排灌方便、平坦、肥沃、向阳、土壤疏松,最好质地带沙,注意保优栽培,不能重茬,且 3 年内没有种过其他十字花科作物。耕整必须按质量要求于 9 月 2 日前完成,畦宽 2 米,沟宽 0.33 米,深 0.33 米,耙前施三元复合肥 20 千克/667 平方米,硼砂 0.5 千克/667 平方米,耙时再施尿素 10 千克/667 平方米,呋喃丹 1.5 千克/667 平方米,播种量 0.5 千克/667 平方米。出苗 7 天后用稀粪水追施 1 次。

(2)合理密植,适时移植 皖油 17 以每 667 平方米 8 000 株较为合适,苗龄一般 35～40 天,最多不超过 47 天。实行开沟移植,且做到种正、压实、行直,以缩短缓苗期和便于田间管理,同时只栽大苗、中苗,不栽弱小苗,栽后立即浇水。

(3)科学施肥 皖油 17 较耐肥,单产在 200 千克/667 平方米的田块约需纯氮 17.5 千克/667 平方米,氮、磷、钾比例一般为 1:0.5:0.5。皖油 17 对硼较敏感,除育苗和移植施硼肥 0.5 千克/667 平方米外,初花期喷施 10.3% 硼砂水溶液也有比较明显的增产效果。基肥、苗肥、腊肥比例为 5:3:2 为宜,薹肥追施不迟于 2 月底。基肥须分层施用,耕前施猪粪等农家肥、三元复合肥 5 千克/667 平方米,栽前在栽植沟内施尿素 10 千克/667 平方米,硼肥 0.5 千克/667 平方米,腊肥以有机肥为主,宜早施。

(4)及时治病、除草、防渍 可用 15.5% 盖草能乳油 750 毫升或 15% 精稳杀得乳油 750 毫升对水 780 升喷雾。在初花期和盛长期用 50% 多菌灵可湿性粉剂 300～500 倍液或 40% 菌核净可湿性粉剂 500～1 500 倍液喷雾,都有比较好的防治菌核病效果。

(三十)赣油 17 号

赣油 17 号是江西省农业科学院旱作物研究所通过有性

杂交选育的半冬偏春性中、早熟甘蓝型双低油菜新品种,于2000年通过江西省农作物品种审定委员会审定。

1. 特征特性和产量表现

赣油 17 号属半冬偏春性早熟品种,生长势强,株型紧凑,综合经济性状好。株高 153 厘米,有效分枝较多,一次分枝数 8.4 个,着果较密,全株有效角果数 250.5 个,角果较长,每角粒数 20 粒以上,千粒重较大,为 4.1 克。全生育期移植 210 天,直播 194 天,耐菌核病。品质优,芥酸含量<1%,油酸与亚油酸总量为 80%以上,硫苷含量为 21.4 微摩尔/克。菌核病发病较轻,发病率为 16.38%,病指 9.41。

产量高。江苏省两年省区域试综合平均每 667 平方米产量 116 千克,比对照增 4.46%,全国区域试综合平均每 667 平方米产 148.2 千克,比对照明显增产。

2. 栽培要点

(1)移 栽 宜 9 月中下旬播种,10 月下旬栽完,密度每 667 平方米 0.8 万～1 万株;直播宜 10 月中旬播种,每 667 平方米定苗 1.2 万～2 万株。

(2)氮、磷、钾配施,要求施硼肥 做到重施底肥,早追苗肥,重施腊肥,稳施薹肥。

(3)水肥管理 冬前春后注意中耕培土和清沟排渍。

(4)病虫害防治 注意冬前防治蚜虫、菜青虫和花期喷施多菌灵或甲基托布津防治菌核病。

（三十一）两优 586

两优 586 是江西省宜春市农业科学研究所运用光温敏雄性不育两用系 501-8S 为母本,优质恢复 C6-1 做父本,于 1996 年配组而成,2001 年 3 月通过江西省农作物品种审定委员会审定。

1. 特征特性和产量表现

两优 586 属半冬性类型中熟品种,在长江中下游地区种植全生育期 190 天左右。苗期叶色深绿,叶缘波状,叶片较厚,分枝部位稍高,株高 179.5 厘米,一次有效分枝 8.4 个,单株有效角果数 442.4 个。每角粒数 22.8 粒,种子黑褐色,千粒重 4.4 克,含油率 41.2%,芥酸含量 0.3%,硫苷含量 38.59 微摩尔/克。

两优 586 高抗菌核病,耐渍能力强,暖冬气候无早薹早花现象,抗冻能力也很强。

两优 586 连续两年参加江西省区域试点,平均每 667 平方米产量 117.2 千克,居参试品种第一位。1998～2000 年参加全国长江中游片区试,平均产量 151.9 千克/667 平方米,比对照增产 12.6%。该品种多年多点示范,最高每 667 平方米产量 158.2 千克。

2. 栽培要点

(1)播种期　长江中、下游地区采用育苗移植宜在 9 月下旬至 10 月上旬播种,直播宜在 10 月中旬播种,可适当早播,确保壮苗越冬。

（2）播种量及密度　育苗移植，每 667 平方米用种量 100克，直播每 667 平方米 0.2 千克，直播应在 2～3 片叶时定苗，每 667 平方米留苗 10 000～12 000 株，移植行距 35 厘米，株距 20 厘米。

（3）施肥与管理　应早施苗肥，重施腊肥。一般要求在 12 月底以前将所有肥料施完，否则造成贪青成熟偏晚。在幼苗 3 叶期可用 150 毫克/千克的多效唑喷施，能起调控株型，矮化植株防倒伏作用。在苗期和抽薹期要喷硼提高结实率，每 667 平方米的硼砂用量为 0.2 千克左右。同时，还要注意苗期防治菜青虫和蚜虫的危害，后期要注意防治菌核病。南方地区春季雨水多，应做好清沟排渍工作。

（三十二）豫油 5 号

豫油 5 号是河南省农业科学院棉花油料作物研究所育成的高产优质三系杂交种，于 1998 年通过河南省农作物品种审定委员会审定。

1. 特征特性和产量表现

豫油 5 号属甘蓝型半冬性双低油菜杂交种，苗期长相稳健，叶片深绿色，叶被有蜡粉。春季返青快，抽薹稳健，秆粗抗倒。全生育期 235 天。株型高大，平均株高 172～200 厘米，分枝部位中高（55.4 厘米）。结角密，全株平均有效角果数达 348 个，每角 21.6 粒，千粒重 3.3 克。经农业部农产品质量检测中心测定表明，豫油 5 号芥酸含量 0.14%，硫苷含量 24.9 微摩尔/克，含油率 43.01%。

河南省农业科学院植物保护所在重病地区多次进行病害

抗性鉴定,结果表明豫油 5 号菌核病发病率和病指分别为 11.5% 和 9.2,属抗病类型;病毒病发病率和病指分别为 8.7% 和 4.4,属高抗类型。抗寒性鉴定结果表明豫油 5 号抗寒性强,3 年平均冻害指数为 30.5。

豫油 5 号在 1991~1992 年品比中表现突出,平均产量达每 667 平方米 153.5 千克,比对照增产 15%。2001 年在陕西、安徽、江苏、河南 4 个省 8 个试点平均产量每 667 平方米 156.7 千克,最高产量每 667 平方米达 205.1 千克。

2. 栽培要点

(1)选择土壤 要求土壤肥沃、排灌方便的田块,最好是 2~3 年没有种过十字花科作物的田块集中连片种植,减少串粉机会,保证优质,减少菌核病和病毒病的危害。

(2)精细整地 油菜为小粒种子,顶土力较弱,必须精耕细作,争取一播全苗,为高产打下基础。

(3)科学施肥 要求底肥足,苗肥轻,蕾薹肥早,三者比例为 5∶2∶3。必须施硼砂 1 千克/667 平方米做底肥,防止花而不实。提倡多施有机肥。

(4)适期早播 直播田适宜播期为 9 月 15~30 日;育苗田为 9 月 10~20 日,以保证壮苗安全越冬。

(5)合理密植 高肥力田块种植密度为每 667 平方米 8 000~10 000 株,中肥田块 12 000~15 000 株,旱薄地或晚播田 15 000~20 000 株。

(三十三)湘杂油 1 号

湘杂油 1 号是湖南农业大学油料研究所利用本所研究的

具有国际领先水平的油菜化学杀雄技术育成的优质高产杂交油菜品种。该品种集优质高产多抗于一体,2000 年通过湖南省品种审定委员会审定。

1. 特征特性和产量表现

湘杂油 1 号为中熟甘蓝型油菜品种,株高 170 厘米左右,一次有效分枝 8~10 个,二次有效分枝 5 个以上,单株角果数多,果较粗长,每角粒数超过 20 粒,种子黑褐色,千粒重 3.8 克左右。湘杂油 1 号在湖南省及周边省区具有广泛的适应性,9 月播种,第二年 5 月 8 日左右成熟,可做三熟或二熟制油菜栽培。湘杂油 1 号的苗龄弹性较大,适合于适当早播培育大壮苗促进秋冬发而不会出现早薹早花现象,田间繁茂性极好。

湘杂油 1 号芥酸含量为 0.06%,硫苷含量为 18.33 微摩尔/克,含油率 39%。具有较强的抗(耐)菌核病能力和极好的低温下结果的能力,田间很少出现分段结实现象,十分适合南方油菜产区的气候特点。湘杂油 1 号耐肥抗倒,在施肥量较多的棉田及一季稻田种植,植株长势旺盛,很少出现倒伏现象,是三熟改二熟种植业结构调整中的最佳油菜选择品种。

湘杂油 1 号在湖南省优质油菜区试中,产量达 119 千克/667 平方米,比对照增产 19.26%。1998~1999 年度,湘杂油 1 号在湖南省 15 个点的试种示范中,平均产量达 166.6 千克/667 平方米,部分田块产量超过 200 千克/667 平方米。

2. 栽培要点

(1)适时播种,合理密植 湘西北地区 9 月上中旬播种,湘中地区 9 月中旬播种,湘南地区 9 月中下旬播种,育苗移植,苗龄 30~35 天,密度 8 000 株/667 平方米。

（2）合理施肥　应施足基肥，每 667 平方米施用湘株牌油菜专用肥 50 千克，必须施用硼肥，多施有机肥、磷钾肥。

（3）防治病虫害　注意防治蚜虫、菜青虫。春后清沟沥水，注意防治菌核病。

（三十四）湘杂油 2 号

湘杂油 2 号是湖南省农业科学院作物研究所用湘 5 A 不育系和 109 R 恢复系配制而成的双低杂交油菜新品种。于 1998 年经湖南省农作物品种审定委员会审定，2000 年全国农作物品种审定委员会审定。

1. 特征特性和产量表现

湘杂油 2 号为甘蓝型半冬性细胞质雄性不育三系优质杂交油菜品种，全生育期 210 天左右。中生分枝型，茎秆粗壮坚硬，分枝角度较大，株高 180～200 厘米，一次有效分枝 9～11 个，主序长 81 厘米左右。子叶肾脏形，琴状裂叶，叶色深绿，被蜡粉，叶缘浅锯齿。籽粒圆球形，黑褐色，单株有效角果数 375 个左右，每角粒数 19 粒左右，千粒重 4～4.2 克。芥酸含量 0.27%，硫苷含量 52.7 微摩尔/克，含油率 38.7%。抗倒能力中等，较抗菌核病和病毒病。

1997～1998 年长江中游区试，平均产量达 119.57 千克/667 平方米，比对照增产 0.5%。1998～1999 年长江中游区试平均 667 平方米产量 139.89 千克，比对照增产 10.95%。1998～1999 年全国生产试验平均产量 104.79 千克/667 平方米，比对照增产 10%。

2. 栽培要点

(1)适时播种　育苗移植在湖南、湘北、湘西、江西赣北地区 9 月上、中旬播种;湘南、赣南地区 9 月中、下旬播种,移植苗龄 35～40 天。

(2)合理密植　高肥水平每 667 平方米栽 0.8 万～1 万株,中等肥力每 667 平方米栽 10 000～12 000 株。

(3)增施肥料　以底肥为主,活棵后早施苗肥,冬前苗补施腊肥,移植时每 667 平方米增施纯氮10～15 千克,硼肥 0.5 千克。及时中耕除草,防治蚜虫、菜青虫、雨季清沟排渍,防涝防病。

(三十五)湘杂油 15 号

湘杂油 15 号是湖南农业大学油料研究所通过杂交育种法选育而成,母本为双低油菜品种湘油 11 号,父本为湘油 10号。于 1997 年通过湖南省农作物品种审定委员会审定,2001年 3 月通过江西省品种审定,同年 4 月通过国家品种审定,1999 年获国家重大农作物新品种后补助,是国家重点推广的油菜品种。

1. 特征特性和产量表现

湘杂油 15 号生育期中熟偏早,长沙地区 9 月中、下旬播种,第二年 5 月 5 日左右成熟。芥酸含量仅为 0.1%,硫苷含量为 29.65 微摩尔/克,种子含油率 40%。

湘杂油 15 号具有较好的低温结实能力,抗菌核病抗倒,成熟时落色好。

在湖南省优质油菜区域试验中,平均产量为 152.2 千克/667 平方米,比对照增产 15.7%,增产极显著。2000 年湖南省收获面积达 34 万多公顷。

2. 栽培要点

(1)适时播种,培育壮苗　采用育苗移植方式,湘北及湘西地区宜 9 月上、中旬播种,湘中地区 9 月中、下旬播种,湘南地区 9 月中下旬播种,用种量每 667 平方米 0.4～0.5 千克。采用直播方式可于 9 月底至 10 月初播种,用种量每 667 平方米 0.25 千克。播后应及时间苗、定苗和追肥,以利苗齐苗壮。

(2)及时移植,合理密植　苗龄 30～35 天,要求 10 月底 11 月初移植完毕,密度每 667 平方米 8 000～10 000 株。为保证移植季节,可采用稻田不耕生板移植方式。

(3)合理施肥　每 667 平方米要求施纯氮 12～15 千克,五氧化二磷 4～6 千克,氧化钾 10 千克左右;每 667 平方米施用湘珠牌油菜专用肥 50 千克。基肥以有机肥为主,做到早施苗肥,重施腊肥,看苗施薹肥。移植时每 667 平方米施硼肥 0.5 千克,做定根水浇施。

(4)保优防杂　为确保品质,应连片种植,做到农户不留种,年年换种,以确保品质性状达到双低标准。

(三十六)华杂 5 号(改良型华杂 4 号)

华杂 5 号原名改良型华杂 4 号,是华中农业大学国家油菜武汉改良分中心 2000 年春用双低细胞核＋细胞质雄性不育系 986A 作母本,双低恢复系恢-5900 作父本配制而成的半冬性双低甘蓝型油菜杂交种。2002 年湖北省农作物品种审定委员会通过审定。

1. 特征特性和产量表现

华杂 5 号株高 170 厘米左右,株型为扇形,紧凑;子叶肾脏形,苗期叶为圆形,叶绿色,顶叶较大,有裂叶 2～3 对;一次有效分枝 8 个左右,二次有效分枝 10 个左右,主花序长 75 厘米左右;茎绿色;花黄色,花瓣相互重叠。单株有效角果 350 个左右,主花序角果长 7～8 厘米,每角粒数 19 粒。种子黑褐色,近圆形,千粒重 3.2～3.5 克。每 667 平方米产量一般 160 千克,高的可达 250 千克以上。籽粒含油率 45%,芥酸含量 0.36%,硫苷含量 35.69 微摩尔/克。

华杂 5 号在武汉地区 9 月中旬直播,第二年 5 月中旬成熟,生育期 220 天。华杂 5 号冬前、春后均长势强,抗寒、耐菌核病、抗病毒病、耐肥,不早衰。

2. 栽培要点

(1)播 种 移植适宜播种期 9 月 5～10 日,直播 9 月 20～25 日,移植每 667 平方米苗床播种 0.4～0.5 千克,直播每 667 平方米播种 0.5～0.6 千克。

(2)移 栽 幼苗 6～7 叶时移植,苗龄 30 天,密度每 667 平方米 12 000 株。

(3)肥水管理 每 667 平方米 150 千克产量水平要求施纯氮 14 千克,五氧化二磷 10 千克,氧化钾 11 千克,硼肥 0.5 千克。施足基肥,早追苗肥,重施腊肥,轻施薹肥(看苗施肥),防渍,防旱,中耕除草 2～3 次。

(4)病虫防治 冬前防治蚜虫和菜青虫,春后注意清沟排水,花期防治菌核病。

(5)不留种 此品种为杂种一代,农户不能留种。

(三十七)华杂 6 号

华杂 6 号是华中农业大学国家油菜武汉改良分中心,于 2000 年春用双低细胞核+细胞质雄性不育系 8086A 作母本,双低恢复系恢-7-5 作父本配制而成的半冬性双低甘蓝型油菜杂交种。2002 年通过湖北省农作物品种审定委员会审定。

1. 特征特性和产量表现

华杂 6 号株高 180 厘米左右,株型为扇形较紧凑;子叶肾脏形,苗期叶为圆形,叶绿色,顶叶较大,有裂叶 2~3 对;一次有效分枝 8 个,二次有效分枝 10 个,主花序长 85 厘米;茎绿色;花黄色,花瓣相互重叠。单株有效角果 380 个,主花序角果长 8~9 厘米,每角粒数 21 粒。种子黑褐色,近圆形,千粒重 3.4~3.6 克。籽粒含油率 42%,芥酸含量 0.56%,硫苷含量 33.6 微摩尔/克。

华杂 6 号在武汉地区 9 月中旬直播,第二年 5 月中旬成熟,生育期 210 天。华杂 6 号冬前、春后均长势强,抗寒中等,耐菌核病中等,抗病毒病,耐肥,抗倒伏,不早衰。

每 667 平方米产量 180 千克左右,高的可达 260 千克以上。

2. 栽培要点

(1)播 种 移植适宜播种期 9 月 10~15 日,直播 9 月 25~30 日,移植每 667 平方米苗床播种 0.4~0.5 千克,直播每 667 平方米播种 0.5~0.6 千克。

（2）移　栽　幼苗6～7叶时移植,苗龄30天,密度每667平方米6 000株。

（3）肥水管理　每667平方米180千克产量水平要求施纯氮14千克,五氧化二磷11千克,氧化钾11千克,硼肥0.5千克。施足基肥,早追苗肥,重施腊肥,轻施薹肥,看苗施肥,防渍,防旱,中耕除草2～3次。

（4）病虫防治　冬前防治蚜虫和菜青虫,春后注意清沟排水,花期防治菌核病。

（5）不留种　此品种为杂种一代,农户不能留种。

（三十八）川油18

川油18系四川省农业科学院作物研究所以自育甘蓝型油菜低芥酸中早熟品系Ⅲ-232为母本、同型低硫苷品系84039之系选材料84039-1为父本进行有性杂交,经连续6代定向选育而成,于1998年11月和12月分别通过四川省和贵州省农作物品种审定委员会审定;1999年9月通过国家农作物品种审定委员会审定,同年获国家优质及专用农作物新品种后补助;2000年被评定为四川省重点推广品种。

1. 特征特性和产量表现

川油18幼苗半直立,密被蜡粉,无刺毛,营养生长旺盛,根系发达,根茎显著粗于对照,叶色浓绿,苗期光合面积大,叶绿素含量高。植株扇形,匀生分枝,有效分枝数10个左右,平均单株有效角果数429.2个,每角11.6粒,千粒重3.53克。川油18对病毒病的抗性较强,抗倒力与耐寒力均与对照相当。

在四川省生态条件下,商品菜籽平均含油率 35.9%。据四川省农业科学院中心实验室和国内贸易部粮油食品质量监督检验测试中心测试,芥酸含量 0.6%,油酸含量 60.49%~62.19%,亚油酸含量 22.03%~24.04%,硫苷含量 15.06 微摩尔/克。

1996~1998 年省级试验中,川油 18 3 年 38 点次试验平均每 667 平方米产 122.6 千克,比对照平均增产 6.58%;其中增产点次占 79%。在四川、贵州两省的大面积示范中,平均每 667 平方米产量 162.5 千克,最高每 667 平方米产量达 190.6 千克,一般比当地推广品种增产 5%~15%。

川油 18 对中低产环境有特殊的适应性。适宜于四川、贵州及类似生态地区海拔 1 200 米以下、肥力中等以上、菌核病发病较轻的田块种植。

2. 栽培要点

(1)适时播种 一般可比当地中熟品种播期提前 5 天左右,以利于发挥其冬前秋发优势,同时注意抓好培育壮苗这一关键环节,为其高产潜力打好基础。

(2)合理密植 据模拟寻优试验结果,在四川生态条件下,合理的移植密度是每 667 平方米 6 800~8 200 株。

(3)科学施肥 以有机肥为主,氮、磷、钾、硼等多种营养元素相配合。在上述密度水平下,每 667 平方米施纯氮 11.75~13.7 千克,五氧化二磷 5.7~8.5 千克,氯化钾 5~10 千克,硼砂 0.5~1 千克。

(4)及时防病治虫 在菌核病高发区及排水不良、田间湿度较大地区,应深挖排水沟,及时清除田间杂草和植株老黄叶,降低田间湿度、增加通透性;有条件的地区,可在初花至末花期,用多菌灵、菌核净或速克灵等杀菌剂进行田间喷雾防治。同时尽早消灭蚜虫,以减轻病毒病的发生与蔓延。

(三十九)川油 20

川油 20 系四川省农业科学院作物研究所从引进品种中油 220 中发现的变异株,经连续系统选育而成,2000 年通过四川省农作物品种审定委员会审定,并于同年获四川省农作物育种攻关后补助。

1. 特征特性和产量表现

川油 20 全生育期 219 天。幼苗生长半直立,叶色浓绿,叶片较厚,密被蜡粉,形态整齐,植株较高大,株高一般在 210 厘米,株型紧凑,匀生分枝,一次有效分枝 9 个,根系发达,秆硬抗倒。川油 20 籽粒中芥酸含量 0.22%,商品菜籽硫苷含量 33.22 微摩尔/克,商品菜籽平均含油率 36.19%。成熟期平均病毒病发病率和病指各为 5% 和 2.92。菌核病发病率和病指各为 8.11% 和 4.09。植保鉴定结果,表现为低抗病毒病、低感菌核病。抗倒力和耐寒力强。

在 1998、1999 年四川省级试验中,川油 20 2 年 22 点次试验平均每 667 平方米产量 119.6 千克,其中增产点次占 90.1%。在大面积示范种植中,川油 20 平均每 667 平方米产 133.5 千克,比对照增产 9.86%。川油 20 于 1999 年在四川省阆中、简阳、大竹三县市进行大面积示范种植,试种面积 105 公顷,平均每公顷产 2 000 克,比同田或相邻田块种植的对照增产 9.86%。

川油 20 对中低产环境有特殊的适应性。适宜于四川省大部分平丘地区种植。但在菌核病重发区应注意防病。

2. 栽培要点

（1）适时播种，培育壮苗　川油 20 冬性偏强，适时早播，有利于发挥其冬前秋发的优势。可参照本地区中熟品种播期适当提前，育苗移植的苗龄以 30 天左右为宜。同时，应抓好苗床管理，施足底肥，及时匀苗定苗，及时追肥和防治病虫害，以保证培育壮苗，为夺取高产打好基础。

（2）合理密植　一般在中等肥力条件下，每 667 平方米育苗移植 6 000～7 000 株，直播每 667 平方米栽 8 000～9 000 株。

（3）科学搭配施肥　以有机肥为主，氮、磷、钾、硼等多种营养元素相配合。在中等肥力条件下，一般要求每 667 平方米施纯氮 10～13 千克，过磷酸钙 30～35 千克，氯化钾 8～10 千克，硼砂 0.5 千克（用作基肥或苗期喷雾）。

（4）及时防病治虫灭鼠　在菌核病高发区及排水不良、田间湿度较大地区，应深挖排水沟，及时清除田间杂草和植株老黄叶，降低田间湿度、增加通透性；并在初花期用多菌灵、菌核净或速克灵等杀菌剂进行田间喷雾。同时，尽早消灭蚜虫，以减轻病毒病的发生与蔓延。由于该品种为双低品种，茎秆纤维素含量低，口感较好，是理想的油蔬兼用型品种。因此，极易遭受老鼠啃噬。为了保证田间植株不受损失，宜尽早采取灭鼠措施。

（四十）川油 21

川油 21 由四川省农业科学院作物研究所用双低不育系

9403A 和双低恢复系 9403R 配组选育而成,2001 年通过四川省农作物品种审定委员会审定,2001 年 8 月通过全国农作物品种审定委员会审定,系四川省第一个通过全国审定的双低三系杂交油菜品种,2001 年 8 月被农业部推荐为长江流域双低油菜产业化重点推广品种,2002 年 7 月被纳入科技部主持的国家科技成果转化资金项目。

1. 特征特性和产量表现

川油 21 属甘蓝型油菜,对温光反应表现半冬性,中熟。植株较高大,株高 200 厘米,茎绿色,叶片椭圆形,叶缘浅锯齿,叶、茎具蜡粉,叶片较硬,叶面光滑,中肋较宽厚,裂叶 2 对;株型紧凑呈扫帚形,匀生分枝,一次有效分枝数 7~10 个左右,二次有效分枝数 3~4 个,主花序长 55 厘米左右;角果近直生,种子黑色,圆形;单株有效角果数 440~470 个,每角14.2~18 粒,千粒重 3.5 克左右。经全国区试统测,商品菜籽含油率 40.14%;籽粒芥酸含量 0.17%,商品菜籽硫苷含量29 微摩尔/克。川油 21 高产、稳产、适应范围广,抗病毒病能力较强,低感菌核病,秆硬抗倒。

在 1998~2000 年国家级和省级试验(区试、生产试验)中,川油 21 连续 3 年 45 点次平均每 667 平方米产量 156.4千克,每 667 平方米最高产量达 250.3 千克,比对照增产21.94%,其中增产点次占 93.33%。

2. 栽培要点

(1)适宜播期　省内育苗移植 9 月 18~25 日,苗龄 25~30 天移植;适宜直播期 10 月 5~15 日。

(2)合理密植　平坝区每 667 平方米植 6 500~7 000 株,

丘陵区每 667 平方米植 7 000～8 000 株,直播每 667 平方米植 13 000～16 000 株,每穴 2 苗,每穴单苗移植。

(3)科学施肥 以有机肥料为主,氮、磷、钾肥配合施用,重基肥早追肥,无机肥在前,农家肥保后。每 667 平方米施纯氮 12.1～13.5 千克,磷肥 30～40 千克,钾肥(氯化钾)5～10 千克,硼肥 0.5 千克。适时进行中耕培土,注意防治病虫害。

(四十一)渝黄 1 号

渝黄 1 号是西南农业大学农学系油菜研究室采用化学杀雄方法配制的甘蓝型黄籽杂交油菜新品种,其组合为GH01×96P54。黄籽外显率达 100%,黄籽度(籽粒表面黄色所占比率)达 90%,1998 年 9 月通过四川省和重庆市科委联合主持的科技成果鉴定。

1. 特征特性和产量表现

渝黄 1 号属半冬性中熟甘蓝型黄籽杂交油菜,幼苗半直立,叶色浅绿,蜡粉较厚,侧裂叶 1～2 对,苗期长势强,性状整齐一致,株型紧凑。株高 180～200 厘米,一次有效分枝 8～10 个,全株有效角果数 400 多个,每角粒数 15 粒以上,种子黄色,千粒重 3.6 克左右。生育期 220 天。据农业部油料及制品质量监督检验测试中心分析,渝黄 1 号种子含油率 42.84%,饼粕蛋白质含量 43.41%(换算系数 5.53),芥酸含量 0.36%,硫苷含量 45.52 微摩尔/克。

大田生产一般每 667 平方米产 150 千克以上。

2. 栽培要点

（1）播　种　种植渝黄 1 号的田地应远离（600 米以上）其他油菜地，以防串花影响籽粒颜色。用水稻田栽培渝黄 1 号，应在水稻收获前挖沟排水，水稻收获后立即挖深沟，让其整个生长期田间不积水，减轻湿害和病害的发生。播种之前将种子晒 2 天，播种后出苗快而整齐。育苗移植的播种期应在 9 月中下旬，直播可在 10 月 10 日前后。稀播、匀播，培育壮苗，苗龄不超过 35 天。土壤肥力较好和肥水条件好且栽种得早的田块每 667 平方米种植 5 000～7 000 株，土壤肥力和肥水条件差且栽得迟的田块每 667 平方米 8 000～10 000 株。

（2）合理施肥　重施底肥，占总用量的 70%，早施追肥占 25%，看苗酌施薹肥约占 5%，最好用氮、磷、钾、硼配方施肥。

（3）病虫害防治　苗床期注意防治蟋蟀、跳甲、菜青虫、蚜虫、潜叶蝇、霜霉病和猝倒病。大田生长前期注意防治菜青虫、蚜虫、潜叶蝇和霜霉病。大田生长后期注意防治潜叶蝇、蚜虫、菌核病和白锈病。初花期是防治菌核病的重要时期，需连续防治 2 次。

（4）适时收获　当全田在 2/3 植株主序中、下部位角果中的籽粒颜色呈现黄色时收获较适宜。收获时单割、单堆、单打、单晒、单藏，尽量避免机械混杂而影响到商品菜籽的等级，优质才能优价。

（四十二）绵油 12 号

绵油 12 号是四川省绵阳市农业科学研究所用自育的胞核两用系绵 7AB-4-1 作母本，四川省农科院作物研究所选育的双低品系 93-496 作父本配组而成的甘蓝型两系优质杂交种。2001 年通过四川省农作物品种审定委员会审定。

1. 特征特性和产量表现

绵油 12 号苗期长势较旺,弱冬性半直立。叶片深绿色,蜡粉较厚,叶缘微波状浅缺刻。薹期花期生长繁茂,花黄色,花粉充足。株高 192 厘米左右,一次有效分枝 8～9 个,主花序长,结角密。单株有效角果数 450 个左右,每角 18.3 粒,千粒重 3.15 克。据农业部油料及制品质检中心测定,含油率 41.41%,芥酸含量 0.56%～1.33%,硫苷含量 30.29～45.76 微摩尔/克。根系发达,茎秆硬健,株型紧凑,抗倒耐寒力强,抗(耐)病毒病和菌核病能力均较强。

2001、2002 年参加了长江中游区区试,在 20 个试验点中,16 点增产,4 点减产,平均每 667 平方米产量 148.22 千克,比对照增产 8.96%,达显著水平。

2. 栽培要点

(1)适时播种,培育壮苗 绵油 12 号在绵阳 9 月 12～18 日育苗,10 月初直播为好,偏北偏西适当提早,偏东偏南适当推迟。

(2)合理施肥 要求施足底肥,早施提苗肥,氮、磷、钾、硼肥合理搭配。绵油 12 号苗前期生长稳健,宜在移植后 15 天左右施提苗肥,直播的在 2～3 片真叶匀定苗后施用,追肥在 12 月底前施完,切忌年后施用氮肥,全生育期施纯氮掌握在16～17 千克内,以防氮肥过多造成倒伏。干旱地区,在初花期叶面喷施硼肥,浓度为 0.2%～0.3%。

(3)合理密植,注意病虫防治 绵油 12 号移植密度为每

667 平方米 7 000～9 000 株,直播为 10 000 株左右。苗期及青荚期重点是防治好跳甲、蚜虫和菜青虫,初花至盛花期重点是防治菌核病。

<h1 style="text-align:center">(四十三)黔油 10 号</h1>

黔油 10 号是贵州省农业科学院油料作物研究所育成的甘蓝型核不育杂交油菜新品种,母本为远缘杂交育成的432AB,父本为从引进材料中系选而得的黔油 185C。1997 年7 月通过贵州省农作物品种审定委员会审定。

1. 特征特性和产量表现

黔油 10 号为半冬性偏春性早熟品种,生育期直播为 203天,育苗移植 230 天;株高 160 厘米,分枝高度 50 厘米,每角粒数为 21 粒,千粒重 4 克;抗倒伏力较强。含油率 40%。芥酸含量 2%,硫苷含量 20 微摩尔/克。

黔油 10 号在省区试中平均产量达 146.41 千克/667 平方米,最高为 227.79 千克/667 平方米。生产试验中平均产量139.37 千克/667 平方米。适宜种植范围:海拔 100 米以上的地区以及低海拔双季稻作区和春油菜区。

2. 栽培要点

(1)播　期　直播以 10 月上旬播种为宜,育苗移植一般地区以 9 月下旬为宜,高海拔地区以 9 月中旬为宜。

(2)种植密度　一般肥力田土每 667 平方米为 8 000 株,肥力较差田土可适当增大密度,反之稍稀一些。

(3)合理施肥　重施基肥,早施追肥,氮、磷、钾、硼肥配合施用,每 667 平方米施尿素 20 千克,过磷酸钙 40～50 千克,氯化钾 10 千克,硼肥 0.5 千克。

(4)田间管理 田间管理宜早进行。播期不宜过早,苗床不宜密,苗龄不宜长,以免引起早薹早花。

(四十四)黔油 11 号

黔油 11 号是贵州省农业科学院油料作物研究所育成的甘蓝型核不育杂交油菜新品种,母本为远缘杂交育成的432AB,父本为从引进材料系选而得的 Y114。1997 年 7 月通过贵州省农作物品种审定委员会审定。

1. 特征特性和产量表现

黔油 11 号幼苗半直立,叶色深绿,生长势强。生育期平均200.5 天,为半冬性中早熟品种。株高 172.56 厘米,分枝高度79.46 厘米,一次分枝数 6.03 个,二次分枝 2.28 个,单株有效角果数 369.7 个,每角粒数 14.15 粒,千粒重 3.77 克,籽粒黑褐色。

经连续测定,黔油 11 号含油率为 38.8%,硫苷含量平均45.8 微摩尔/克,芥酸含量为 25.48%。

在贵州省区域试验、生产试验示范中,黔油 11 号表现出较强的耐瘠性和抗旱性。在省区试中平均产量达 162.4 千克/667 平方米,最高为 259.3 千克/667 平方米。1999～2000 年全国生产试验中平均产量 155.15 千克/667 平方米。2001 年已申报全国新品种审定。适宜种植范围:贵州省油菜生产区及类似生态地区。

黔油 11 号产量 190 千克/667 平方米时,每 667 平方米施尿素 14.61～20.78 千克,氯化钾 7.85～11.14 千克,过磷酸钙 23.72～37.8 千克,播期为 9 月 17～20 日,密度为 7 566～8 581 株/667 平方米。

2. 栽培要点

(1)适时播种及移植,培育壮苗 黔油 11 号是中、早熟品种,且营养生长期较短,故播期不宜过早,苗床不宜过密,苗龄不宜过长,以免发生早薹早花。直播最佳播期为 9 月底到 10 月上旬,育苗移植低海拔地区以 9 月下旬、高海拔地区以 9 月中旬播种为好。苗床与大田的比例最好为 1∶5～6,苗龄以 30 天左右为好,以免产生高脚苗。

(2)种植密度 黔油 11 号植株高大,种植不宜过密。中、上等肥力田块为 8 000 株/667 平方米、中等以下肥力田块为 10 000株/667 平方米。

(3)及时管理 由于黔油 11 号营养生长期较短,必须在越冬前搭好丰产苗架,各项田间管理也应及早进行。应重施基肥,早施追肥,追肥应重前稳后,狠促秋发。施肥种类上应氮、磷、钾、硼肥配合施用,一般以氮∶五氧化二磷∶氧化钾≈1.5∶1∶1 为好,硼肥施 1 千克/667 平方米为好。土壤肥力高、长势旺的田块应控制氮肥施用量,防止倒伏。

(四十五)黔油 12 号

黔油 12 号,系贵州省农业科学院油料作物研究所用蜀杂 1 号 F_2 分离的不育株与双低品种 R-8 杂交选育而成的双低核不育系 SAB-3 作母本,与双低品种的优系双 168 作父本组配育成的半冬性甘蓝型双低杂交油菜新组合,1999 年 7 月通过贵州省农作物品种审定委员会审定。

1. 特征特性和产量表现

黔油 12 号为半冬性品种,幼苗半直立,苗期生长势强,株型紧凑,开花集中,营养生长期长,不易早薹早花。平均株高 180 厘米,一次有效分枝数 9～12 个,主花序长 75 厘米,全株有效角果数 400 个,每角粒数 22 粒,千粒重 4 克。生育期直播 210 天,育苗移植 236 天,综合性状好。耐旱,耐寒、较抗(耐)菌核病和病毒病,抗倒伏力强。芥酸含量<1%,硫苷含量<20 微摩尔/克,含油率 41% 左右。

黔油 12 号适宜贵州省内各油菜产区种植,特别适宜于海拔 1 000 米以下地区,也适宜与贵州生态相类似的长江流域油菜产区。该组合一般产量为 160 千克/667 平方米左右,最高达 250 千克/667 平方米以上。在 2 年贵州省区域试验中,平均产量 140.76 千克/667 平方米。在省级生产试验中,平均产量为 154.13 千克/667 平方米,在全国油菜区域试验中,平均产量 150.8 千克/667 平方米。

2. 栽培要点

(1)适时播种　移植油菜 9 月 25～30 日播种,每 667 平方米用种量 100 克,秧龄 30～35 天,秧田与大田比例为 1：6,培育适龄壮秧。移植要具有 6 片绿叶,株高 13.2 厘米,根颈粗 0.6 厘米,老嫩适度的矮壮苗。直播油菜 10 月 15～25 日播种为宜,每 667 平方米用种量 200 克。

(2)合理密植　移植油菜一般株行距 13.2～16.5 厘米×46.2～50 厘米,每 667 平方米栽 8 000 株左右。直播油菜要及早间苗、定苗,每 667 平方米留苗 12 000～16 000 株左右。在 3

叶 1 心时,每 667 平方米用矮壮素 30 克对水 40 升喷施。

(3)科学运筹肥料　提高磷、钾肥的用量,重视硼肥的施用,做到适氮增磷、钾。氮肥用量每 667 平方米施纯氮 18～20 千克。氮:五氧化二磷:氧化钾≈1:0.4～0.5:0.7～0.8。氮肥运筹是(基肥＋苗肥):腊肥:薹肥≈5:2:3。薹肥要早施、重施,在薹高 5～10 厘米时,早施薹肥促春发,增加一次分枝数,增加角果数,增加每角粒数和粒重。薹肥用量可占一生总氮肥量的 30％左右。磷钾肥以基肥为主,早施为好。重视硼肥的施用。基施:每 667 平方米施硼砂 500 克或速效硼肥 200 克,用少量开水溶解后与基肥拌和施用。叶面:在苗期、薹期各喷施 1 次,用速效硼肥 100 克对水 50 升喷施。

(4)加强病、虫、草害防治　在苗期要及时做好化学除草工作,防止草害。冬前,主要防蚜虫和菜青虫,苗、薹期防霜霉病,到初花期要重点防菌核病。对菌核病的防治要采取综合措施:一是实行轮作,开好三沟,降渍防湿害。二是药剂防治,每 667 平方米用 50％的多菌灵 250 克或 25％的多酮 70 克,在初花期每隔 7～10 天,连续防治 2 次。

(四十六)黔油 14 号

黔油 14 号是贵州省农业科学院油料作物研究所新育成的甘蓝半冬性双低高产杂交油菜,于 2002 年 7 月通过贵州省农作物品种审定委员会油料专业组初审。

1. 特征特性和产量表现

黔油 14 号综合性状好,田间长势强,分枝部位低,分枝数多,角粒数多;适应性强,抗逆性好;芥酸含量 1％,硫苷含量

40 微摩尔/克,含油率 40%左右。

在 1999～2000 年的生产试验中,产量居参试品种第一名,平均产量达 138.8 千克/667 平方米。全生育期平均为 211.06 天,适宜贵州省内各地区及长江流域油菜产区种植。

2. 栽培要点

(1)适时早播　育苗移植一般 9 月中旬左右播种,5 叶 1 心移植(苗龄 30～45 天),直播在 10 月初播种。

(2)合理密植　育苗移植每 667 平方米 6 000～8 000 株,直播 8 000～10 000 株。

(3)田间管理　在田间管理上立足于一个"早"字,做到早匀苗、早定苗,及时进行中耕除草和病虫害防治。

(4)合理施肥　注重平衡施肥,增施磷钾肥和补施硼肥;并以基肥为主,追肥为辅。

(四十七)油 27842

油 27842 系贵州省油料作物研究所以黄籽双低隐性核不育系 27821A 为母本,黄籽双低恢复系 942 为父本配制的杂交组合,1999 年配制成功,2000 年秋参加贵州省区试。是一个产量高、含油量高、饼粕中蛋白含量高的双低杂交油菜新品种。2002 年已由贵州省品种审定委员会审定。

1. 特征特性和产量表现

油 27842 生长势强,稳健;区试平均株高 185.9 厘米,分枝位 75.2 厘米;一次有效分枝数 7.8 个;主花序长 89.2 厘米,有效角数 87.9 个,结角密度 1.49 个,单株有效角数

403.6个;秆硬抗倒,较耐菌核病。每角粒数20粒,千粒重3.8克,全生育期212～230天。种子皮薄、圆滑、光亮,呈不均匀的黄褐色。经国家农业部油料及制品质量检测中心田间现场采样分析,芥酸含量为0,硫苷含量29.21微摩尔/克,种子蛋白质含量25.38%,饼粕蛋白质含量为40.44%,含油率43.62%。

油27842,在1999～2001 2年的品比试验中平均每667平方米产量为150.1千克,较对照增产9.2%;2001年度贵州省区试8点平均每667平方米产量166.74千克,较对照增产9.84%;2002年度8点平均每667平方米产量150.7千克,较对照增产3.33%,两年平均较对照增产6.6%。

2. 栽培要点

(1)适期播种　9月上、中旬播种育苗。

(2)适时移植　10月中、下旬移植。

(3)合理密植　适宜密度为每667平方米5 000～8 000株。

(4)合理施肥　每667平方米施尿素15～30千克,磷肥50～75千克,钾肥10～15千克,并注意有机肥的施用。应特别注意施硼肥。

(四十八)油研五号

油研五号系贵州省油料科学研究所以117A为母本,61R为父本配制的双低杂交油菜品种。1996年通过贵州省农作物品种审定委员会审定。

1. 特征特性和产量表现

油研五号 1992 年送测试中心分析芥酸含量 2.4%，1993 年为 1.19%；省品种审定委员会 1992 年送样，芥酸含量 1.24%。省农技推广总站在金沙、开阳、绥阳、瓮安、息烽 5 个优质油菜基地县取样分析，芥酸含量为 1.21%，硫苷含量为 40.5 微摩尔/克。

1988～1990 年在组合比较试验中平均产量 153.1 千克/667 平方米，比对照增产 43.3%。1991～1995 年在省品种审定委员会布置的贵州省杂交油菜生产试验中，平均比当地推广品种增产 24.1%。1989～1992 年省外的四川、湖南、江苏、陕西等 16 个点试种，平均产量 135.2 千克/667 平方米，平均比当地推广品种增产 15.05%。含油率 1992 年测试为 39.74%，1995 年为 40.5%，省农技推广总站从 5 个基地县分析，含油率平均为 39.1%。

2. 栽培要点

（1）适期播种　育苗期限 9 月 15～20 日，移植期 10 月下旬。油研五号生育期直播一般为 200 天左右；育苗移植 220～230 天。

（2）合理密植　移植苗每 667 平方米植 6 000～8 000 株，直播每 667 平方米 12 000 株以上。

（3）重施底肥　早施提苗肥，氮、磷、钾配合施用。每 667 平方米施纯氮 15 千克左右。

（4）喷施硼肥　开盘期、抽薹期分别用硼砂 50 克对水 40～50 升叶面喷雾。此外，要特别注意防治病虫害。

(四十九)油研七号

油研七号系贵州省油料作物研究所以 22 A 为母本，1536-119 为父本配制的杂交油菜一代杂种，是全国"八五"攻关首先育成的双低杂交油菜。该品种于 1996 年获国家"八五"攻关优秀项目奖，1997 年列为国家"九五"科技成果重点推广项目，1998 年获国家科技攻关油菜惟一的一等后补助，1999 年 9 月获中国国际农业博览会名牌产品。1997 年通过贵州省农作物品种审定委员会审定。

1. 特征特性和产量表现

油研七号品种分枝部位低、分枝多，花序长，着果密，果层厚，同等栽培条件下单株有效角比其他品种多，丰产性好。抗性突出。茎秆坚硬，根系发达，耐肥抗倒性强，抗病性较好，宜于高肥水栽培。熟期适中。长江流域栽培能在 5 月上、中旬成熟。含油率高，芥酸含量 0.56%，油酸、亚油酸含量 82.8%，含油率 41%～44%，平均在 42% 以上。硫苷含量 18.7 微摩尔/克。

贵州省区试，四川、湖南、江苏、浙江等省的多点对比试验，最高产量达 291 千克/667 平方米，一般每 667 平方米产量 150～180 千克。江苏的南通、扬州、溧阳等地大面积种植，每 667 平方米可产 200 千克以上。1997～1999 年 3 年在贵州省 13 个县的 100 个优质油菜高产方共种植 15 万公顷，平均每公顷产量达 2 130 千克。

2. 栽培要点

(1)适期播种 油研七号春性较强,抽薹开花期较早,早播则抽薹开花期相应提早。播种期以 9 月 20～25 日为宜。

(2)培育壮苗 选择向阳、肥沃的菜园地或旱地作为苗床,每 667 平方米播量控制在 0.6 千克以内,秧田与大田比为 1∶6～8。每 667 平方米苗床,施猪、羊粪 1 000～1 500 千克,进口复合肥 20 千克,碳铵 30～40 千克。3 叶期每 667 平方米施尿素 10 千克,并每 667 平方米喷多效唑 40～50 克进行化控,移植时形成叶龄 7～8 天、绿叶 6～7 片,根茎粗 0.7 厘米左右的壮苗。

(3)适宜密度 油研七号每 667 平方米施纯氮 15 千克栽 10 000～12 000 株,或每 667 平方米施纯氮 20 千克栽 6 000～8 000 株,或 667 平方米施纯氮 25 千克栽 6 000 株产量较高。可见,高产栽培水平以 667 平方米栽 6 000～8 000 株为宜。

(4)早施重施薹肥 为夺取油研七号高产,以薹高 54 厘米左右施用薹肥,用量以高效复合肥 15 千克加尿素 10 千克为宜。

(5)化调化控 对播栽期较早、长势偏旺的田块,在越冬始期每 667 平方米用 15％多效唑 100 克对水 50 升喷雾,控制地上部生长,延迟抽薹时间;对越冬长势差、叶色淡而黄的瘦弱苗每 667 平方米用"植物动力素 200"321 毫升对水喷雾(浓度为 500 毫克/千克),以促平衡生长;盛花期防治菌核病,667 平方米喷施 47％纹霉净 100 克加"植物动力素 200"321 毫升,实现防病增角增粒增重增产的目的。

（五十）油研八号

油研八号系贵州省油料作物研究所以甘蓝型双低隐性不育材料 1492A（117A×98-216 杂交转育而成）为母本,中双二号的优良选系 5324 为父本配制的杂交新组合。1993 年参加组合鉴定。1994～1996 年进行省区域试验,1995～1997 年进行生产试验。1997 年通过贵州省品种审定委员会审定。

1. 特征特性和产量表现

油研八号植株叶色较深,苗期长势较强。植株高大,秆梗抗倒性较好;一次有效分枝高度平均为 48.8 厘米,单株有效角数达 380.5 个,角粒数 20.9 粒,千粒重 3.89 克。该品种杂种一代测试分析（农业部油料检测中心）,芥酸含量 0.38%,硫苷平均含量为 24.18 微摩尔/克,商品籽芥酸为 3.35%,硫苷为 16～17.8 微摩尔/克,含油率 41.17%,杂种纯度在 95% 以上。生育期在区试直播下平均为 211.4 天。

油研八号在 1993～1994 年组合比较鉴定中,平均每 667 平方米产量分别为 212.9 千克和 210.6 千克。1995～1996 年平均增产 23.8%,区试 2 年 16 点次平均每 667 平方米产量 150.6 千克,居第一位,每 667 平方米最高产量 228 千克。1997～1998 两年连续在江苏南通市进行多点品比试验,产量、品质居第一位。1999 年生产试验每 667 平方米产量 204.9 千克,同年在启东、如皋推广 1 万公顷,平均每公顷产量 3 119 千克,如皋市加力乡丰产方平均 667 平方米产量 254.3 千克。

2. 栽培要点

(1)适期播种　育苗期 9 月 10～15 日,移植 10 月中下旬。

(2)合理密植,适时移植　土壤肥力及管理水平较好的可每 667 平方米栽 6 000～8 000 株;一般每 667 平方米栽 8 000～10 000 株;移植较迟管理较差的每 667 平方米栽 12 000 株以上。

(3)合理施肥　每 667 平方米施纯氮 15 千克。重施基肥(有机肥),追肥分活棵肥、开盘肥、腊肥 3 次施用。特别注意增施硼肥。

(五十一)油研九号

油研九号系贵州省油料作物研究所以甘蓝型隐性不育黄籽双低不育系 2716A 为母本,黄籽双低恢复系 5862 为父本配制的三高(高产、高含油量、高蛋白质)"两低"(低芥酸、低硫苷)杂交组合。1998 年通过贵州省品种审定委员会审定。

1. 特征特性和产量表现

油研九号苗期长势旺盛,整齐度好,叶片宽大;花期耐低温能力强,结实性好。区试材料株高 188.8 厘米,一次有效分枝高 87 厘米,一次有效分枝数 8 个,主花序长 72 厘米,主花序有效角 85.9 个;着果密度 1.36 个/厘米;单株有效角达 338.5 个;角粒数 17.1 粒,千粒重 4.21 克。种子颜色黄褐色,种皮薄,种子圆滑光亮。

2000 年和 2001 年经农业部油料及制品检测中心分析,

商品籽含油率分别为 47.9% 和 51.08%。2002 年由农业部油料检测中心在贵州省开阳县田间现场取样,分析结果为种子蛋白质含量 24.88%(折饼粕蛋白质含量为 44.23%),饼粕蛋白质含量实测为 39.37%,是优质的高蛋白质饲料资源。2000~2001 年分别由该所和江苏省苏州种子公司送样,2002 年由农业部油料检测中心在贵州省开阳县田间现场取样,样品均由农业部油料检测中心分析,芥酸分别为 0.42%,0.22%,0.4%,平均 0.35%;硫苷分别为 27.43,38.94,26.47 微摩尔/克,平均为 30.93 微摩尔/克,脂肪酸中油酸和亚油酸含量达到 83.88%。

油研八号在 1993~1995 年的品比试验中,平均每 667 平方米产量 146.3 千克。1995~1997 年贵州省两年 15 点的区试中,平均每 667 平方米产量 153.3 千克。1997~1998 省内多点试验,平均每 667 平方米产量 187.16 千克。1999~2002 年品比试验平均每 667 平方米产量 181.63 千克,含油率 44.67%。浙江海盐高产示范方 7 公顷,平均每公顷 3 592.5 千克,最高达 4 050 千克。

2. 栽培要点

(1)适期播种 育苗期 9 月 10 日前后,移植 10 月中、下旬。

(2)合理密植 在早育早栽、耕作及施肥管理水平较高的情况下,每 667 平方米栽 6 000~8 000 株,中等管理水平的 667 平方米栽 8 000~10 000 株,直播 667 平方米留苗 10 000~12 000 株。

(3)合理施肥 每 667 平方米施纯氮 12~15 千克。重施基肥及开盘肥,氮、磷、钾配合施用,注意有机肥和微肥施用。

最后 1 次施肥结合培土以防止倒伏。

(4)注意施用硼肥 每 667 平方米施硼肥 1.5 千克左右。

(五十二)云油杂 1 号

云油杂 1 号是云南省农业科学院油料作物研究所育成的双低半冬性甘蓝型油菜的细胞质雄性不育三系杂交组合。2002 年通过云南省农作物品种审定委员会审定。

1. 特征特性和产量表现

云油杂 1 号幼苗直立,根系发达,苗期长势旺,叶片大而肥厚,叶、茎轻被蜡粉。全生育期秋播 175～180 天,夏播 105～110 天,属中、早熟杂交组合。株高 160 厘米,分枝部位高 40～60 厘米,有效分枝数 10～12 个,有效角果数 350 个左右,每角 17.5 粒,千粒重 3.5 克,单株生产力 15 克。云油杂 1 号含油率 43.68%,芥酸含量 0.22%,硫苷含量 38.8 微摩尔/克。

1997 年产量鉴定试验中,云油杂 1 号折单产 268.5 千克/667 平方米。1998～1999 年,连续 2 年参加组合比较试验,2 年平均单产 165.54 千克/667 平方米;1999～2000 年,连续 2 年参加全省秋播油菜区试,平均单产 215.1 千克/667 平方米,居参试品种第一位。2000～2001 年,连续 2 年参加全省夏播油菜区域试验,平均单产 153.8 千克/667 平方米。1998～2001 年,在昆明、罗车间、丽江、玉溪、临沧等地县示范,平均单产 220.1～241.7 千克/667 平方米。

2. 栽培要点

云油杂 1 号适于云南省海拔 1 400～2 100 米土壤肥力中

上等水平的甘蓝型油菜产区种植,也适于夏播油菜产区种植。甘肃、青海等地可作为春油菜种植。

(1)适期播种　要求在 9 月底至 10 月上、中旬雨季结束前播种。

(2)合理密植　打塘点播,既可直播,也可育苗移植。根据各地气候及水肥条件,种植密度 12 000～20 000 株/667 平方米。

(3)施足底肥,早施多施苗肥,巧施薹肥,增施微肥　每667 平方米用 5～10 千克尿素,50 千克普钙拌 500 千克细干粪或细土杂肥盖塘做种肥。5 叶期定苗后,每 667 平方米用尿素 15～20 千克、硼砂 0.5～1 千克对水浇施苗肥。现蕾抽薹期视苗情每 667 平方米用尿素 10～15 千克对水浇施薹肥,并结合治虫每 667 平方米叶面喷施 0.1%～0.2%硼肥液 50 升。

(4)加强病虫害防治　苗期防跳甲、菜青虫,花角期防蚜虫。在水肥条件好的田块,应注意前期蹲苗或 5 叶期喷施多效唑,以防徒长、倒伏而减产。

(五十三)杂油 59

杂油 59 是陕西省杂交油菜研究中心用甘蓝型雄性不育系陕 3 A 和单低雄性不育恢复系垦 C_8 杂交配制的雄性不育三系杂交种。1996 年分别通过内蒙古自治区和陕西省农作物品种审定委员会审定。

1. 特征特性和产量表现

杂油 59 偏春性,生育期短。在我国北方春油菜区春播,全生育期 105 天左右;在黄淮区秋播可比当地甘蓝型油菜迟播

1周,全生育期240天左右,在冬季不冻的长江流域从当年10月到翌年2月均可播种,并能正常成熟收获。所以它是一个适应性广、播期弹性大的优质杂交品种。株高160厘米左右,有效分枝部位70厘米,一次有效分枝数8.4个,全株有效角果数300个左右,每果粒数26粒,千粒重3克。较耐菌核病,轻感病毒病。经农业部油料及制品质量监督检测中心测定,含油率41.2%,芥酸含量<1%,油酸55.24%,亚油酸24.4%,硫苷80微摩尔/克。

1994和1995年在北方春油菜区的内蒙、甘肃、青海、新疆等省区参加区试,据两年14个点次试种结果统计,平均比对照品种增产21.2%,生产试验7点次,平均比对照品种增产30.9%;1995年在甘肃张掖农业科学研究所试验最高每667平方米产量达303.7千克;在冬油菜区的陕西大荔点从1992～1996年连续5年试验,在试区平均667平方米产221.05千克。

2. 栽培要点

(1)播　期　春油菜区力争早播,当土壤解冻时应抓墒情抢时下种,黄淮冬油菜区可比当地油菜迟播7天左右,长江流域冬季气温高,早播易早花,可从当年10月起播到翌年2月中旬。

(2)播　量　直播每667平方米0.25千克,育苗移植每667平方米用种0.1千克。

(3)密　度　春油菜每667平方米留苗40 000株;冬油菜区8 000～12 000株;晚播田20 000～30 000株。

(4)施　肥　施足底肥,增施磷肥,施好硼肥。一般每667平方米施氮肥10～12千克,过磷酸钙30～50千克或磷酸二铵8～10千克;长江流域土壤缺钾严重,应视缺钾程度适量补足;土壤缺硼会发生花而不实症,应视土壤缺硼程度每 667 平方米施硼肥 0.5～0.75 千克或喷洒高效速溶硼肥,分 2 次每 667 平方米喷 100 克。

（5）管　理　在黄淮流域冬油菜区,要注意冬前培土,防冻保苗;长江流域要注意防涝防渍,并及时防治病虫害。

（五十四）秦优 7 号

秦优 7 号是陕西省杂交油菜研究中心在 1997 年用甘蓝型双低不育系陕 3A 和双低雄性不育恢复系 K407 配制的雄性不育三系杂交种。2001 年分别通过陕西省和国家农作物品种审定委员会审定。

1. 特征特性和产量表现

秦优 7 号属甘蓝型,子叶肾脏形,幼茎紫红,心叶黄绿,紫缘,深裂叶,叶缘钝锯齿状,顶裂叶圆大,叶色深绿,匀生分枝,与主茎夹角较小。株高 164.2～182.7 厘米,一次有效分枝数 8.1～9.3 个,单株有效角果数 288.5～342.9 个,每果粒数 23.1～25.7 粒,千粒重 3～3.2 克。经农业部油料及制品质量监督检测中心测定,2000 年和 2001 年在黄淮和长江下游区试中抽样检测结果:芥酸含量平均 0.31%,硫苷含量平均 26.08 微摩尔/克,含油率 42.89%。

秦优 7 号为弱冬性,在陕西关中东部全生育期 240～250 天,在长江下游 226 天左右。耐肥抗倒,抗(耐)菌核病,轻感病毒病。前期发育慢,中、后期特别是现蕾后发育迅速,长势强,整齐度好。

秦优7号 1997～1999 年 3 年参加组合试验和预备试验,在试区平均每 667 平方米产 247.5 千克。2000 年和 2001 年参加陕西省油菜区试,两年平均每 667 平方米产 205.3 千克。2000 年和 2001 年参加黄淮区区试,产量、品质和综合抗性名列第一,两年平均每 667 平方米产 211.56 千克。2001 年在长江下游 4 省市 11 个点示范试种结果:秦优 7 号平均每 667 平方米产 214.47 千克,比对照平均增产 17.54%;在大面积生产示范中,2001 年江苏省江都市周西镇种植 3 公顷,平均每公顷产 3 727.5 千克;2002 年在遭受严重阴雨灾害的情况下,滨海县滨海港镇首乌村有 0.5 公顷,产量仍高达 4 020 千克/公顷。

2. 栽培要点

(1)播　期　当旬平均气温下降至 19℃～18℃或冬前＞0℃有效积温达 900℃时的始期为直播期;长江流域育苗移植,育苗可比当地直播适期适当提前 7 天下种。

(2)播　量　直播每 667 平方米 0.3 千克,育苗移植每 667 平方米苗床地播 0.5 千克。苗床与大田比例为 1:5。

(3)密　度　水肥田每 667 平方米留苗 6 000～10 000 株;旱肥田和晚播田每 667 平方米留苗 10 000～12 000 株。

(4)施足底肥,增施磷肥,施好硼肥　油菜属喜磷作物,缺硼又会导致花而不实,所以一定要重视磷肥和硼肥的施用。每667 平方米产 200～250 千克油菜籽,一般需施纯氮 12～14千克;磷肥用量可按氮量的一半施用;缺钾地区要视土壤含量适量补足。硼肥每 667 平方米施硼砂 0.5～0.75 千克或将100 克高效速溶硼肥在蕾薹期分 2 次喷洒。长江下游要做好排涝防渍工作。注意防治病虫害。

(五十五)陕油 6 号

陕油 6 号是西北农林科技大学农学院经济作物研究所以自选不育系 212A 作母本,用改良恢复系 116C 做父本,于 1996 年育成的双低杂交种,2000 年 1 月通过陕西省农作物品种审定委员会审定。

1. 特征特性和产量表现

陕油 6 号在关中全生育期 250 天左右,半冬性、苗期半直立,叶色淡绿,叶缘锯齿,越冬期叶片数达 12 片以上,个体发育好。返青至初花阶段生长缓慢,初花后生长迅速,花期集中,抗倒性强。经农业部农产品质量监督检测中心测定,陕油 6 号油酸含量 51%,亚油酸含量 28.9%,芥酸含量 0.61%,硫苷含量>50 微摩尔/克。含油率 41.1%。

1997~1999 年陕西省植物保护研究所对陕油 6 号进行病毒病、菌核病抗病性鉴定,结果对病毒病属高抗,对菌核病具有耐病性。

1998、1999 年两年陕油 6 号参加黄淮区域试验,比对照增产 5.5%以上。1999 年在汉中、南郑等地生产试验,比对照增产 8.4%,在贵州安顺及甘肃省成县多点生产试验,分别比对照增产 8.33%,11.63%,汉中示范增产 14.8%。安徽省示范,每 667 平方米产量超过 200 千克。

2. 栽培要点

(1)播期与密度 陕油 6 号在关中西部 9 月 10 日以前、中部 9 月 15 日、东部 9 月 20 日左右播种,陕南 9 月 10 日左右育苗,黄淮流域与当地甘蓝型油菜播期相同。关中灌区留苗 8 000～10 000 株/667 平方米,黄淮流域及陕南留苗 6 000～8 000株/667 平方米。

（2）施足基肥,增施磷肥　在整地时每 667 平方米施有机肥 3 000 千克,碳酸氢铵 50 千克,过磷酸钙 50 千克或磷酸二铵 20 千克,尿素 10 千克;陕南及黄淮流域稻田与基肥同时施入硼肥 1 千克。

（3）田间管理　出苗后应及时防治黄条跳甲,用甲敌粉 1～1.5 千克/667 平方米喷施。3 月上、中旬用甲敌粉 1.5～2 千克/667 平方米,防治茎象甲,初花后注意防治蚜虫。越冬期应冬灌保苗,在 12 月中旬进行灌水。

（4）适时收获　角果皮由绿变黄,主序角果籽粒变黑,方可收获,切不可割青,影响产量。陕油 6 号属三系杂交种,二代不能做种用。

（五十六）陕油 8 号

陕油 8 号是陕西农林科技大学农学院利用自育的核质互作雄性不育系 212A 与改良恢复系 1102C 杂交选育而成的双低杂交油菜新品种。2000 年 1 月通过陕西省农作物品种审定委员会审定。

1. 特征特性和产量表现

陕油 8 号属弱冬性甘蓝型油菜杂交种。苗期出叶 12～14 片,叶柄短,顶叶宽大,叶片淡绿,半匍匐,冬前不易抽薹,春季返青前后生长缓慢,初花期后生长迅速,花期集中,始花至终花 23～25 天。秆硬抗倒,单株发育好。株高 170～190 厘米,匀生分枝,主花序较长,全生育期 250 天左右。一次有效分枝数 9～10 个,单株角果数 350 个以上,每角粒数 26 粒以上,千粒重 3.2～3.5 克。陕油 8 号经农业部油料及制品质量监督检测中心测定,芥酸含量 0.28%,硫苷含量 25.71 微摩尔/克,含油率 41.04%。陕油 8 号抗病性经中油所、陕西省植物保护研究所田间鉴定,对病毒病抗性属于高抗,对菌核病具有耐病性。

1998 年陕油 8 号参加国家黄淮区域试验,平均单产 130 千克/667 平方米。1999 年继续参加黄淮区域试验,平均单产 152.8 千克/667 平方米。2000 年参加黄淮区域生产试验,平均单产 180.5 千克/667 平方米。2001 年参加安徽省农业技术推广总站引种试验,平均单产 175.6 千克/667 平方米。

2. 栽培要点

(1)施　肥　每 667 平方米施碳酸氢铵 50 千克、过磷酸钙 50 千克或磷酸二铵 20 千克、尿素 10 千克,如播种时墒情好,每 667 平方米用 2.5 千克左右尿素做种肥。前茬水稻田每 667 平方米需施 1 千克硼肥做基肥,以防花而不实。

(2)播　种　陕西关中西部以 9 月 5 日左右,中部 9 月 10～15 日,东部 9 月 15～20 日播种为宜。陕南育苗时间一般应为 9 月 5～10 日。

(3)播种方式　沟播或育苗移植。沟播每 667 平方米播量 0.2～0.25 千克,育苗时苗床播量 0.4～0.5 千克/667 平方米,播前可用辛硫磷拌种。

(4)留苗密度　陕西关中旱区每 667 平方米留苗 10 000 株左右,关中灌区留苗 8 000 株以下,陕南山区留苗 6 000～8 000 株,川南留苗 6 000 株。

(5)田间管理 出苗后用1.5%甲敌粉防治黄曲条跳甲，3叶期及时间苗，5叶期1次定苗。育移植秧苗苗龄40～45天，选大苗移植。在返青后至抽薹前，用4.5%甲敌粉2000倍液防治茎象甲成虫。初花期至灌浆期注意用抗蚜威或扑虱灵防治蚜虫。

(6)适时收获 果皮由绿变黄、主花序角果粒变黑时方可收获，切不可割青，影响产量。陕油8号属三系杂交种，二代不能继续留做种用。

(五十七)陇油2号

陇油2号是甘肃省农业科学院经济作物研究所以里金特为母本，奥罗为父本选育而成的双低甘蓝型春油菜，1994年通过甘肃省农作物品种审定委员会审定。

1. 特征特性和产量表现

陇油2号株高140厘米左右，生育期125天，属中熟品种。含油率45.32%，硫苷含量27.05微摩尔/克，芥酸含量0.35%，油酸和亚油酸含量之和为83.12%，较耐寒。在1991～1992年的甘肃省春油菜区试中，平均折合单产202.89千克/667平方米，较对照增产11.91%。推广以来，平均每667平方米产200千克以上，高产田达400千克以上。2000年获甘肃省科技进步二等奖。适宜于甘肃、内蒙古、新疆、青海等省区的春油菜区种植。

2. 栽培要点

(1)适期播种 由于陇油2号生长势强，生育期较长，并抗旱耐冻,应适时早播。

(2)田间管理　施足基肥、种肥,及时灌水、追肥,并适时间苗、定苗。

(3)适当密植　每667平方米播种量500克。保苗,甘肃省河西地区60 000株,其他地区30 000株。

(4)虫害防治　苗期注意防治跳甲、茎象甲。蕾花期和终花期注意防治蚜虫。

(五十八)陇油4号

陇油4号是甘肃省农业科学院经济作物研究所以茅羽早为母本,82C1为父本杂交,通过单株与混合选择相结合的方法选育而成的白菜型春油菜双低品种,2000年通过甘肃省品种审定委员会审定。

1. 特征特性和产量表现

陇油4号芥酸含量4.7%,硫苷含量39.28微摩尔/克,油酸和亚油酸总量达到70.05%,含油率为39.9%。在1997～1999年的甘肃省春油菜区试中,平均折合单产129.66千克/667平方米,较对照增产10.22%,居参试品种(系)首位。适宜于高海拔地区种植,亦适宜于在低海拔地区作为前季作物种植。

2. 栽培要点

(1)适期播种　二熟制地区应在3月初播种,一熟制地区应在4月上、中旬播种。

(2)合理施肥　氮磷比以1.4∶1为宜,氮肥使用量至少

20千克/667平方米,及时灌水、追肥。

(3)适当密植 适时间苗、定苗,每667平方米保苗10 000～15 000株。注意防治病虫害。

(五十九)陇油杂5号

陇油杂5号是甘肃省农业科学院经济作物研究所以会川C为父本,G851A为母本组配而成的甘蓝型春油菜三系杂交种。于2000年通过甘肃省农作物品种审定委员会审定。

1. 特征特性和产量表现

陇油杂5号叶色深绿,叶片大,花黄色,花瓣大而平。植株紧凑,株高一般156厘米左右,上生分枝型,单株角果数189个左右,主花序长55.1厘米,角粒数23.9粒,千粒重3.5克。含油率45.44%,芥酸含量0.33%,硫苷含量为27.1微摩尔/克,油酸、亚油酸总量为82.82%,是一种油饲兼用的新型甘蓝型油菜新品种。

1998～2000年甘肃省区域试验中,平均折合单产218.03千克/667平方米,较对照增产19.06%。在2000年进行的生产试验中,试验示范10公顷,单产达3 225千克/公顷,较对照增产12.3%。陇油杂5号生育期120天左右,属中晚熟品种。抗菌核病,抗旱耐寒,抗倒伏,群体整齐一致。适宜在甘肃省及西北春油菜区推广种植。

2. 栽培要点

(1)适期播种 一般3月中下旬至4月上旬播种均可。

(2)配方施肥 一般每667平方米施有机肥2 500～3 500

千克,纯氮 6～8 千克,纯磷 5～6 千克,总施肥量略高于常规品种。

(3)拌药条播,合理密植 用甲基异柳磷(20 毫克/千克种子)拌种后条播。每 667 平方米保苗,西南高寒地区 20 000～30 000 株,甘肃省河西地区 40 000～60 000 株。

(4)田间管理 抓好间苗定苗、中耕除草、病虫害防治、追肥灌水等田间管理工作。

(六十)青杂 3 号

青杂 3 号是青海省农林科学院春油菜研究开发中心用不育系 144 A 和恢复系 482-1 配置的杂交组合而成。2002 年通过青海省农作物品种审定委员会审定。

1. 特征特性和产量表现

青杂 3 号子叶呈心脏形,幼茎绿色,心叶绿色,无刺毛。抽薹前生长习性半直立。缩茎叶为浅裂、色绿、叶脉白色,长柄叶,叶缘锯齿,蜡粉少;薹茎叶披针形,无叶柄,叶基半抱茎,薹茎绿色。主茎绿叶数 12±1.43 片,最大叶长 30.2±0.75 厘米,宽 8.6±0.8 厘米。有效分枝部位 12±4.92 厘米,一次有效分枝数 5.13±0.67 个,二次有效分枝数 5.75±0.99 个,主花序长 65.15±4.73 厘米,植株呈扫帚形,匀生分枝。株高 146.38±5.5 厘米。单株有效角果数 166.56±41.23 个,单株产量 8.12±1.24 克,每果粒数 26.69±0.68 粒,千粒重 3.55 ±0.25 克,籽粒含油率 44.27%,芥酸含量 0.3%～0.8%,硫苷含量 26～30.5 微摩尔/克。青杂 3 号抗菌核病和抗倒伏能力较强。

经区试生产试验和大面积示范,青杂 3 号一般每 667 平方米产量为 180～230 千克,高产可达 250 千克以上。

2. 栽培要点

(1)要　求　土壤疏松,肥力中上,适时多用磷肥,氮肥用量比一般品种大。氮：磷为 1：0.93 较适宜。

(2)播期与株距　播期为 4 月中下旬。条播,播种量为 0.4～0.5 千克/667 平方米,播种深度 3～4 厘米,株距 15～20 厘米,每 667 平方米成株数宜 28 000～38 000 株。

(3)田间管理　出苗期注意防治跳甲和茎象甲,及时间苗;4～5 叶期至花期要及时浇水、追肥,底肥每 667 平方米施纯氮 4.6 千克、五氧化二磷 2.67 千克,追肥每 667 平方米施纯氮 4.6 千克,角果期要注意防治蚜虫。

(六十一)青油 14 号

青油 14 号由青海省农林科学院作物研究所选育而成。1994 年青海省农作物品种审定委员会审定,1997 年内蒙古自治区农作物品种审定委员会审定。1998 年全国农作物品种审定委员会审定。

1. 特征特性和产量表现

青油 14 号属甘蓝型春油菜。在青海全生育期 106～120天,株高 130 厘米,一次有效分枝数 5～6 个。种皮黑褐色,千粒重 3.5 克,中部分枝,适于密植和机械收割。芥酸含量 0.08%～0.12%,硫苷含量 11～27.5 微摩尔/克,含油率 50%。

1992 年青海省生产试验较对照增产 11.63％～14.5％；1993 年全省生产试验也全部增产,90％的试点增产达 10％以上。

2. 栽培要点

(1)适期播种　在青海省黄河灌区以 3 月下旬至 4 月中旬播种为宜。条播每 667 平方米播种量 0.4～0.6 千克,留苗 15 000～28 000 株。在无霜期短及肥力不足的地区宜适当密植。

(2)适当密植　该品种秆强抗倒,适于机械收获。在机收地区,为减少机械阻力,密度可提高到 55 000 株/667 平方米。

(3)田间管理　在青海主要产区以氮、磷、钾等量配合的施肥比例较好。苗期宜用药剂防除杂草并及时防治病虫害。人力收割宜在黄熟期尽早进行。

(六十二)互丰 010

互丰 010 是青海省互助县农业技术推广中心利用波里马细胞质雄性不育材料育成的甘蓝型春油菜三系杂交种,于 1999 年通过青海省农作物品种审定委员会审定。

1. 特征特性和产量表现

互丰 010 属甘蓝型春性双低杂交种,苗期生长稳健,叶色深绿,叶片蜡粉较少,薹茎浅绿色。有效分枝部位 33.5 厘米,一次有效分枝数 8～9 个,二次有效分枝数 10 个。平均株高 181.2 厘米,全生育期 127 天。单株有效角果数 40 个,主花序有效角果 65.7 个,每角粒数 22.1 粒,单株粒重 26.5 毫克,千粒重 3.65 克。经青海省农业科学院春油菜研究中心测试,芥酸含量 1.07%,硫苷含量 25.93 微摩尔/克,含油率 45.55%。适应性广,菌核病发病率少于 3%。

1998 年互丰 010 参加青海省区域试验,平均产量 251.2 千克/667 平方米,居参试品系第一位。1999 年参加北方春油菜新品种区域试验,互丰 010 平均产量 194.6 千克/667 平方米,比对照增产 10.75%。2000 年青海省种植 15 300 公顷,平均产量 3 004.5 千克/公顷,最高产量达 4 779 千克/公顷。

2. 栽培要点

(1)选　种　选用青海互丰杂交油菜研究开发公司繁殖的互丰 010 种子,纯度高,籽粒饱满,质量可靠。

(2)适期早播,拌药条播　在日平均气温稳定通过 2℃～3℃时播种,青海黄河灌区 3 月中、下旬播种,山旱地 4 月中旬播完。用 5%甲拌磷颗粒剂 1.5 千克/667 平方米与种子、种肥混匀后条播(行距 25～28 厘米),防治苗期茎象甲危害。

(3)合理密植　海拔 2 500 米以下灌区每 667 平方米留苗数 9 000～10 000 株,海拔 2 500～2 700 米山旱地留苗 11 000～25 000 株,海拔 2700 米以上地区留苗 26 000～45 000株。

(4)根据需肥规律平衡施肥　互丰 010 杂交种比常规品种生长势强,需肥量大,要求重施基肥,早施追肥,巧施叶面肥。每 667 平方米施农家肥 3 750～4 000 克,尿素 11.5～15 千克(其中 80%为基肥,20%为追肥),磷酸二铵11.5～15 千克。

(5)加强田间管理,搭好丰产架子　油菜保苗是关键,培育壮苗是核心,结合当地实际抓好早间苗、早追肥、早浇水、早防虫管理,保证苗期、现蕾期、初花期浇足水,为丰产奠定基础。

五、双低油菜对营养的需要

油菜生育期长,株体高大,枝叶繁茂,是需肥量大的作物。根据油菜生长发育中所需营养元素量的多少,大致可分为两大类,即大量元素和微量元素。大量元素主要有氮、磷、钾、硫、钙、硅、镁等。大量元素在油菜植株体内的含量大大超过微量元素,一般为单株干物重的 0.2%~5%。其中以氮素含量最高,其次是钙、钾,再次为磷、硫、镁。即氮>钙>钾>磷>硫>镁。微量元素主要有铜、硼、锰、锌、铁等。微量元素在油菜体内的含量一般为 7.4~256.5 毫克/千克,以铁含量最高,其次是锌、锰;再次为硼、铜。即铁>锌>锰>硼>铜。目前对油菜的营养元素侧重于氮、磷、钾、硫、硼的研究较多,对其他营养元素研究较少或缺乏研究。

双低油菜要获优质高产,需要吸收各种营养并相应合理施肥,故再单独列节进行阐述。

(一)氮素营养

1. 氮素营养的作用

油菜不同时期植株含氮量大约占植株干重的 4.5%~1.2%,前期含量高,后期含量低。这些氮素与碳水化合物结合形成各种形态的含氮化合物,以形成蛋白质、叶绿素、核酸和一些游离态的氨基酸。油菜从土壤中吸收无机态的氨态氮与硝态氮,还有有机态的天门冬酰胺、谷酰胺类氮化物。这些氮化物在油菜生长期内不断地被吸收,并在植株体内进一步合成和分解。由于氮素是需要量最大的元素,大多数土壤提供的氮素都不足,需要施用较多的氮肥,才能满足油菜生育而获得优质高产。

在油菜不同的生育阶段,氮素的积累量和积累强度有所不同。幼苗阶段氮素的积累量少,积累强度低,氮素主要分布于叶片,约占同期单株总氮量的 90%～95%。越冬阶段由于低温抑制了油菜的生长,生命活动显著降低,氮素积累量和积累强度都较低,氮素分布仍以叶片为主,约占 90%左右,根的氮素分布量有所增加。返青阶段随着气温逐渐回升,油菜对氮素的吸收量明显上升,比越冬期高 2 倍多,氮素在地下部根系的分布增加至 20%左右,地上部分氮素仍集中于叶片。抽薹阶段需氮量和吸肥能力显著增加,是需氮的临界时期。这时期分布在根叶的氮素稍有减少,分布在茎部的氮素逐渐增加。开花阶段氮素积累进一步增加,达到一生中的高峰,此时氮素在茎部分布占 30%,表明生长中心已转移至茎枝。结实阶段,油菜继续吸收和积累氮素,但积累强度显著下降,氮素在植株体内分布迅速向角果集中,最后集中于种子,其含氮量占单株总氮量的 73%～76%。

植株各器官的全氮含量是叶片＞花角＞叶柄＞茎＞根。叶片经常比其他器官氮素浓度高,蛋白质氮的比重亦大。因为叶片是同化作用的主要器官,也是蛋白质合成的主要场所,必须有充分的氮素存量,否则叶绿素就不能正常更新,合成能力会大大减弱。根部氮素的含量最低,它吸收的各种形态的氮素,迅速地向地上部分输送,而没有明显的贮留现象。茎枝和叶柄除了形成自身细胞所需氮素以外,也仅是氮素运输的通道和转运站,含量亦很低。角果是生命活动最终产物的仓库。

蛋白质大部分积累于此,含氮量很高。

2. 氮素营养对双低油菜品质的影响

油菜增加氮素供应常使籽粒中蛋白质增加而含油量减少。因为供应充分的氮素就能增加蛋白质,而蛋白质的合成先于脂肪的合成。在蛋白质形成时,消耗了较多的光合产物,从而影响脂肪的合成。随着氮素营养水平的提高,油菜种子蛋白质含量相应提高,而含油量明显下降,有关试验结果是施氮时期越晚,种子蛋白质含量越高,而含油量越低。菜籽油中的脂肪酸组成主要受遗传基因控制,氮肥对其影响不很明显。国外研究,氮肥有降低菜籽饼硫苷的作用,这种降低作用是与硫的含量减少有关。通常降低幅度很小。

3. 缺氮的影响

油菜缺氮表现出植株生长瘦弱,主茎矮而细,分枝减少,叶色变淡褪绿变黄,往往呈现紫色,老叶凋落,角果数减少,种子小而轻。

4. 正确施用氮素营养

在油菜生产中如何确定合理的施氮量十分重要。据调查,667 平方米产菜籽 100 千克以下的田块,每生产 100 千克菜籽耗氮量为 10.93 千克;而每 667 平方米产 150 千克以上田块,每 100 千克菜籽耗氮量提高到 12.3 千克。说明增施氮肥能够提高产量。随着单位面积施氮量增加,油菜植株吸收氮量也随之增加,而增施 1 千克纯氮的增产效率随之降低。每 667 平方米施纯氮达到 20 千克以上时,在土壤中的氮素残留量明显增加,利用率显著降低。同时说明施氮量与增产效益不成正比关系,而是施氮量愈高,增产幅度愈小。所以,氮素施用量也不是愈多愈好。在高氮条件下,提高氮素吸收利用率是十分重要的。不同施氮水平对油菜生产力的影响十分显著,总生产力和有效生产力随施氮量增加而上升,而相对生产力则随施氮量的增加而下降。从增产效率来看,每 667 平方米施纯氮 7～14 千克的最高。在大面积生产肥料不足的情况下,经考察每667 平方米施纯氮 7.5 千克左右,能获得增产幅度较大,经济效益最佳的效果。

(二)磷素营养

1. 磷素营养的作用

磷是油菜生产发育不可缺少的营养物质,磷是核酸和核蛋白的组成成分,在油菜生长发育中,磷主要对能量传递体系起介质作用。在绿色叶片和果皮进行光合作用,将光能转变成化学能的过程中,如形成三磷酸腺苷(即 ATP)时,需要有磷酸的参加,在脂肪合成过程中的中间产物如磷酸甘油脂也需要磷参加。磷素直接参与碳水化合物的转化和运转,参与氨基化、脱氨基、转氨基及脱羧基作用,影响氨基酸和蛋白质的分解和合成。磷能促进细胞分裂和增殖,苗期促进根系发育,增强抗寒能力。

在土壤中磷酸一般是以 $H_2PO_4^-$ 和 HPO_4^{2-} 的形态被油菜吸收的。磷素在油菜植株体内的分布有经常向代谢旺盛的幼嫩部分集中转移的特点。磷最先集中于根部,后转移到叶片和茎,再转入花器,最后集中到角果和种子。成熟期时 65% 以上的磷集中在种子中。

油菜对土壤中的难溶性磷具有特殊的吸收能力,因为油菜根系能分泌二氧化碳和有机酸,能在根际范围增加酸度,相应提高了难溶性磷(如磷矿粉)的溶解度。

2. 磷对双低油菜的影响

磷肥有提高种子含油量的作用,但氮、磷配合有降低含油量的趋势。抽薹以前配合氮素施磷比抽薹以后配合氮素施磷降低含油量较少。冬油菜施磷,油酸、亚麻酸和二十碳烯酸均有所增加,而芥酸则明显减少。

3. 缺磷的影响

主要表现在植株体内含磷下降,其氮、磷比例相应发生改变,由正常植株的 3～5：1 变为 10～12：1。使过多的氮素形成叶绿素,叶片变成暗绿色。缺磷还引起根系发育不良,叶片变小,叶肉变厚。严重缺磷时,叶片变成暗紫色,逐渐枯萎,以致不能抽薹开花。中度缺磷,则分枝及角果减少,籽粒不饱满,产量显著下降。在油菜生长期内,要求土壤速效磷含量保持在 10～15 毫克/千克。若小于 5 毫克/千克时,土壤容易出现缺磷症状,必须及时补施磷肥。

4. 正确施用磷素营养

油菜对磷肥的需要量虽然不如氮、钾多,但油菜对磷素的反应是很敏感的。甘蓝型油菜每 667 平方米产量 100～150 千克,每生产 50 千克菜籽大约需要吸收磷素 1.5～2 千克。油菜一生中对磷素的吸收,以薹花期为最高峰。但从磷肥的利用和增产效果看,却以 2 叶期前施磷肥的效果最好。油菜 2 叶期前施磷,其利用率为 17.3%,而抽薹前 20 天为 8.5%,油菜产量仅为 2 叶期施磷的 27.4%。说明油菜利用磷素的高效期比吸收磷素的最多时期要早得多。可见油菜缺磷愈早,对产量影响愈大,即使后期补磷,也难以提高产量。所以磷肥以做种肥和基肥或随根肥为宜,如做追肥,亦宜在 5 叶期前施用为好。

(三)钾素营养

1. 钾素营养的作用

钾和镁是所有植物都必需的两种阳离子,油菜对钾的吸收量比磷为多。因此单纯依靠土壤的天然供应量,往往不能满足其需要,必须通过施用钾肥来提高油菜的产量和品质。钾对油菜体内各种重要的酶类起着活化剂的作用。有关的生理试验报告表明:丙酮激酶以及与酰基转移有关的酶类都需要钾作为活化剂,显然这就是钾在油菜生理代谢中直接的机能。尤其是在多数酶样品中都含有相当数量的钾,在作酶促反应试验时,也多用含钾的缓冲溶液。这些过程虽然需钾量很小,但却不可缺少,也不能为其他营养元素所代替。由于钾能起酶活化剂的作用,因此能促进碳水化合物的合成与转化,促进氮素的吸收与利用直至蛋白质的形成。同时它还能使植株体内机械组织发达,增强抗倒性与抗病性。另外钾能提高细胞汁液浓度和细胞渗透压,从而增强耐寒能力。

缺钾、缺磷、缺氮,植株抗寒力都减弱。有充分钾素营养的植株抗寒力最强,充分供氮供磷,对抗寒力没有明显作用。施用钾肥还能提高油菜花的泌蜜量,从而吸引和增加蜜蜂活动,是提高油菜结实和增加菜籽产量的一个因素。

钾在植株体内以离子、无机盐或有机盐的形态存在,钾是溶解于细胞液中的主要阳离子,几乎全部保持溶于水的形态,因此它在植株体内很容易移动。钾素在油菜植株不同器官的分配,随油菜生长发育而变化。在秋季和冬季,冬油菜的叶、茎含钾量相似,从春季开始,叶的含钾量增加很慢,而茎的含钾量则大量增加,直到终花达到叶的 4 倍。花期之后,茎、叶的钾素下降,而花、角果和种子的含钾量又大量增加,到成熟时,它们的含钾量要占全株的一半以上。

2. 钾对双低油菜品质的影响

目前国内外有关研究表明,钾肥对含油量、脂肪酸成分、蛋白质的含量没有多大影响。钾肥对油菜硫苷含量的影响研究极少。

3. 缺钾的影响

油菜缺钾时,引起代谢紊乱,体内主要有机物的合成、光合作用和呼吸作用的活性失常。由于钾在植株体内移动性大,所以缺钾首先在最下位的叶片出现。缺钾的幼苗 3～4 片真叶时,由于花青素增加,叶片和叶柄有的呈现紫色。随后在下部叶缘可见焦边和淡褐色至暗褐色枯斑,叶肉组织呈明显烫伤状。植株明显缺钾时,叶片细胞失去膨压而枯萎。叶片上的症状出现后,进一步发展则茎秆呈褐色条斑,病斑连成一片时,茎秆枯萎折断,造成现蕾开花不正常。严重缺钾时,出叶慢,各生育阶段推迟,根系弱小,颜色由白变黄,活力减退,菜籽产量与含油量均明显降低。

4. 正确施用钾素营养

油菜对钾的需要量,甘蓝型油菜每 667 平方米生产 100

千克油菜籽约需吸收钾素（K_2O）4.25～6.35千克。每667平方米产100～150千克以上需要补施钾肥，才能保持土壤钾素平衡。因此施用钾肥仍是十分重要的。据研究，每667平方米施用硫酸钾5千克、10千克、15千克，均增产明显，增产幅度为11.7%～51.9%，比不施钾的增产23.1%和34.9%；而土壤速效钾含量高于100毫克/千克的，钾肥效果则不明显。

（四）油菜对硼的特殊需要

1. 硼素营养的作用

硼是一种油菜不可缺乏的微量元素，它作为油菜植株体的构成成分没有多大意义，但它在植株体代谢中所起的作用却是不可低估的。自从发现施用硼素能防止油菜花而不实现象以来，硼的施用受到了普遍的重视，硼素的生理机能已逐渐被阐明。据研究证明，淀粉中磷酸分解酶的作用与硼有关。硼的存在有利于碳水化合物的运转。缺硼时，作物体内游离氨基酸增加，蛋白质减少，酚氧化酶活性（摄取 O_2）异常地增高。硼能促进钙及其他阳离子的吸收，从而促进细胞壁和细胞间质的形成，而且被固定于组织内不易移动。因此缺硼时生长点和分生组织的新生细胞的形成和永久组织化受阻，甚至坏死。硼对花粉、花粉粒中生殖核的分化，子房和胚珠的分化发育，受精过程，胚的发育都是必需的。因此缺硼会造成花而不实。

2. 油菜植株体内硼的含量

据试验，油菜全株的含硼量为16.8毫克/千克，各器官含硼量分别为干重的毫克/千克数为：花32.3，角果18.1，叶片

17.1,种子 11.3,根 13.1,茎 9.1。据中油所研究,油菜不同器官含硼量为花蕾 27.1 毫克/千克,角果果皮 19.8 毫克/千克,种子 14.2 毫克/千克,叶片 8.4～11 毫克/千克,茎和枝 7.3～9.8 毫克/千克。油菜开花以后,硼的积累剧增,在花蕾角果中硼的相对含量都远较营养器官为高,表明油菜在生殖器官生长发育阶段需硼量较多,这时硼的多少,对生殖器官的形成和发育有重要影响。

3. 缺硼的影响

油菜需硼量较其他作物多,当土壤中含硼量低于 0.4 毫克/千克时将表现缺硼。土壤严重缺硼时,油菜苗期、薹期即可发病,病株萎缩死亡;土壤轻度缺硼时,花期以后出现症状,病株花而不实。据研究,缺硼在油菜各生育期和各器官上都有症状表现。苗期土壤严重缺硼时,幼根停止生长,没有根毛或侧根,根皮变褐色,皮层龟裂,以至脱落坏死,幼叶缺绿变褐,逐渐扩大,蔓延至整个生长点,生长点由褐色变焦枯,遂成死苗。薹期根系发育不良,须根极少,表皮褐色,皮层龟裂;中部叶片先变暗绿色,叶质增厚,易脆,倒卷,叶缘先变为紫色,后变为蓝紫色,叶片提早脱落,抽薹迟缓,有的薹茎极度缩短,成为矮化株形。花果期花序顶端花蕾退绿变黄,萎缩干枯或脱落;开花不正常,胚珠萎缩不能发育成正常种子,形成空果;茎秆中下部皮层出现纵向开裂;角果皮和茎秆呈紫红色至蓝紫色。另外缺硼使植株输导组织发育不良,严重影响糖分向结实器官运输,而滞留在营养器官中,同时导致光合机能下降,影响有机营养的积累。

4. 正确施用硼素营养

对油菜缺硼的地区,应根据土壤缺硼的具体情况,合理施用硼肥。据试验,苗期、薹期各喷 1 次 0.2％硼砂溶液的比单独浸种或做底肥的增产效果好,比对照不施硼的增产 11.4％。苗期＋薹期＋初花期分别喷药的比苗期、薹期、初花期单独喷药的效果好,比对照喷清水的增产 16.2％。硼砂溶液以 0.2％的效果好,比对照喷清水的增产 17.8％。喷硼后使菌核病发病率降低 28.6％～68.8％。

(五)硫素营养

1. 硫素营养的作用

硫是油菜的一种重要营养元素,是油菜体内含硫氨基酸的组成部分,这些氨基酸又几乎是所有蛋白质的构成分子,所以硫也是油菜各器官细胞质构成部分。油菜株体所吸收的 SO_4^{2-} 在细胞内被还原为硫化氢。这种硫化氢参与重要氨基酸如半胱氨酸、胱氨酸、蛋氨酸等的分子组成。油菜体内的硫通常为－SH 基的形态,有的与各种酶的蛋白质部分结合,存在范围很广,对保证活体内氧化还原电位势起着重要的作用。在碳素代谢过程中,含有－SH 基的辅酶 A(CoA)具有固定能量的作用,直接影响碳水化合物、氨基酸及脂肪的合成与分解。

在各种作物中,以十字花科植物需硫量最多,而油菜的需硫量也是较大的,油菜籽含硫量为 0.89％,茎秆中含全硫 0.348％,无机硫 0.127％,有机硫 0.226％。油菜对硫的吸收,一般秋季低,冬季缓慢上升,至成熟期达到最高,与干物质的积累趋势基本相似。

2. 硫对双低油菜品质的影响

增施硫肥可提高菜籽产量和含油量,但提高的程度与施氮量等因素有关。如果氮素供应过多,含油量反而下降。相反,在氮素不足的情况下只增施硫肥,产量也难以提高。种子里的硫苷含量受硫的影响很大。硫的营养水平低时,芸薹属植物生成硫苷很少。增加硫的供应对硫苷含量的影响比含硫氨基酸的影响大得多。不供给硫对降低菜籽饼中硫苷含量的作用很小,只有种子产量因缺硫而下降的情况下才能发挥这种作用。从现有的证据看来,高水平的硫营养对硫苷含量的影响还不十分清楚。

3. 缺硫的影响

叶绿素的形成受到影响,叶片呈黄绿色,植株生长不良。在缺硫情况下,碳氮代谢受阻,限制了蛋白质的合成,降低了含硫氨基酸的相对含量。缺硫植株叶脉间呈现缺绿而叶脉仍保持原来的绿色,花色变淡,黄色的变为白色,而且开花延续不断,角果成熟不一致,严重缺硫情况下,茎变短并趋向木质化。

4. 正确施用硫素营养

最简单的方法是施用含有硫的其他肥料,可一举两得。如在缺硫的土壤上,施氮肥时采用硫酸铵(含硫 24%),而不用硝酸铵和尿素;施用磷肥时采用过磷酸钙(含硫 12%)而不用磷酸三钙(含硫 1.5%);施用钾肥时采用硫酸钾(含硫 18%)而不用氯化钾。中国大多数土壤均不缺硫,一般情况下,不需要施专门的硫肥。据调查,仅在浙江、江西、福建、安徽和江南其他省份的一些土壤缺硫,需要施用硫肥。石膏和硫黄也可作为硫肥施用。

(六)钙、镁营养

油菜对钙和镁的需要量亦很大,特别是钙的需要量甚至超过氮、磷、钾。

钙的存在可提高原生质线粒体的蛋白质含量,并以果胶酸盐的形态,参与联接细胞间中层的构成。钙和油菜体内代谢产物(如有毒酸类过多)结合形成难溶性盐,使之不能参与生理作用。钙还与细胞膜有密切关系。缺钙会损害膜的渗透性,导致膜的损坏。缺钙会使生长点和幼嫩叶变形或死亡。油菜早期吸收的钙素较多地贮藏在叶片,其中一小部分运转到花中,而大部分贮藏在较老的叶片中,并随老叶脱落而丢失。冬油菜苗期含钙量高,约为干物质的 3%,冬季下降,开花期又回升,终花后又复下降。在所有时期均以叶片的含钙量为最高。

镁在植株体内的总量约有 10% 存在于叶绿素中,叶绿素分子量中约有 2%～7% 是镁。镁对同化二氧化碳的光化学反应起着重要作用。镁还参与磷脂以及核酸、核蛋白等各种含磷化合物的合成。油菜缺镁并不常见。缺镁时最初在叶片上产生褪绿斑点,逐渐扩大到叶脉之间,后为橙色或红色。一般先影响老叶,然后扩展到幼嫩叶片。严重缺镁时叶片枯萎而过早脱落。当土壤交换性镁小于 25～60 毫克/千克时,则可能出现镁的缺乏。在镁供应不足的土壤里,增施氮肥也能引起缺镁症状出现。此外,石灰的大量施用,会造成土壤中钙、镁的比例失调,不利于镁的吸收。因此在施石灰时,应补充一些镁肥。

六、双低油菜移植高产栽培技术

油菜高产群体质量栽培体系的实质是建成具有适宜的总茎枝数及其合理比例、具有高光效的适宜角果量的优质群体。近年来,双低油菜育苗移植高产栽培技术主要有以下几种类型。

冬壮春发型:通过培育壮秧适时移植,苗期肥水管理和防治病虫等工作,达到越冬时冬壮苗苗势健壮。冬壮苗的根系发达,根颈粗壮,有 7～8 片大叶,叶簇直径 22～27 厘米,塌棵,叶色深绿,无病虫害,越冬后期主茎花芽开始分化。这样的油菜苗根系吸收力强,叶片光合作用效率较高,制造和积累养分较多,含糖量较高,抗寒力较强,有助于安全越冬。腋芽和花芽分化早,数量多,为春后早发打下基础。在冬壮的基础上,开春后及早进行施肥、中耕、防治病虫害等措施,促进春发,从而获得稳产高产,每 667 平方米产量可达到 150 千克以上。

冬春双发型:在适期早播,大壮苗早植及肥水条件良好的条件下,菜苗充分利用冬前有效生长期(50～60 天)进行营养生长和养分积累。12 月底,植株具有较大的营养体,单株有绿叶 10～12 片,叶面积指数 1.5 左右,苗架像钵头大小。这种大壮苗耐寒力较强,根颈粗 0.8～1 厘米,根系发达。叶腋抽生叶芽较多,菜盘较大,行间叶片搭尖或小封行,叶色深绿,叶缘带紫,生长发育健壮,为春发打下良好基础。春后再加强肥水管理等措施,促使油菜春发,就能枝多、角多、粒多、粒重,从而取得高产,一般每 667 平方米产量可达 200 千克左右。

秋发型:在早播早栽、稀播稀植及早管的条件下,秋末冬初(11 月 10 日左右)单株有 8 片绿叶,12 月上旬 50%以上植株有 10 片绿叶,植株出现腋芽,叶片迅速向两边伸长,最大开盘直径达 30 厘米,12 月底植株有 12~14 片绿叶,叶面积指数 2.5~3,最大叶开盘直径 50 厘米,腋芽多,根颈粗 1~1.5厘米,全田已封行。秋发油菜能充分利用秋冬温光资源,苗架优良,抗寒性强,年前干物质积累多,春后茎秆粗壮,分枝多,角果多,产量高,一般每 667 平方米产量可达 240 千克以上。

油菜栽培技术的发展是与熟制茬口季节、育苗及移植密度等栽培条件的变化密切相关的。如华东地区最早是连作晚稻茬口、密播瘦秧、肥料少,应以冬养春发栽培为主。20 世纪 80 年代以来,前茬连作晚稻品种熟期由迟熟改为中熟,使油菜播种移植季节提早,从而促进了油菜冬壮春发、冬春双发等栽培技术体系的形成。

(一)集中连片种植

据试验,双低油菜小区种植 1 年以后,其芥酸含量上升可达 5%,但在 16.7 公顷以上的大面积种植 1 年,芥酸含量只上升 1%。因此,在生产中双高油菜还普遍存在的情况下,为确保优良品质,一定要做到集中连片、分区种植。最好做到一地(一县或一乡,至少一村或一片)一种。如果分散种植则应安排隔离区,隔离距离至少 600 米,以避免与含芥酸和硫苷较高的常规油菜品种串粉混杂。据研究,在旱地埋藏 1.5~2 年的油菜种子,其发芽率,甘蓝型油菜为 0%~4.3%,白菜型油菜为 4.2%~5.6%,芥菜型油菜为 14%~19.3%,而在水淹条件下,甘蓝型和白菜型、芥菜型种子分别在 2~3 个月后全部丧失发芽率。因此,隔离区内的旱地种植双低油菜一定要选择

2年以上没有种过甘蓝型油菜,3年以上没有种过白菜型、芥菜型油菜的土地。同时在其中不能混杂有其他含芥酸、硫苷高的油菜品种;其他十字花科蔬菜则不能让其开花和留种;也不能使用双低油菜的茎秆、果壳沤制肥料;周围其他作物如小麦地等,均不能夹杂其他双低油菜品种。据中油所研究,对小麦地的租生油菜,可以用药剂防除。在种过油菜的小麦地里每667平方米喷施二甲四氯0.2千克对水50升的药液,可杀死野生油菜,小麦生长不受影响。双低油菜是优质油菜,对于连片种植双低油菜,省级政府和农业部门必须引起足够重视,以保证生产出的双低油菜菜籽的双低质量。

(二)选用优良双低品种和优质种子

在各地区种植双低油菜时,均应根据各地的气候条件和土壤、耕作制度、结构改制要求等情况,因地制宜选择适合本地区栽植的双低优良新品种。在本书双低油菜新品种一节中,分别列举了各地科研院所最新育成的双低新品种,可供参考选用。因为只有选用高产、优质、抗逆性强、适应性好的双低油菜新品种,才能获得最佳的经济效益。

在选择好双低油菜新品种后,还必须选用其中优质的双低油菜种子来播种,两者缺一不可。目前科研院所选育而成的双低油菜新品种,一类是通过系统选育或杂交选育而成的可留种非杂交种双低油菜;另一类是配制的杂交组合,即双低油菜杂交种。对于后者,生产上不能留种,必须年年购买育种单位专业制成的优质种子播种。而对于前者,农户必须注意,最好自己不要留种,而应向科研单位购买经严格程序专门繁育的双低油菜种子。因为在双低油菜生产中,因条件限制或其他原因,常因生物学混杂和机械混杂,而出现双低油菜品质下降,再用它来留种再繁殖,品质下降更为严重,根本不能保证双低油菜的品质。对双低油菜的生产,也要采用严格的标准化和产业化生产,才能确保优质高产。选择的双低油菜种子最好是一级良种。一级良种的品质和质量要求是纯度达97%以上,净度98%以上,发芽率96%,水分9.5%以上,芥酸含量1%以下,硫苷含量每克0.2微摩尔以下。

(三)培育壮苗

双低油菜采用育苗移植,可以减少优质种子用量,降低种子成本。双低油菜直播栽培,每667平方米种子用量为0.5～0.7千克,而移植油菜每667平方米用量仅0.1千克,还可以做到适时早播,解决前后季农作物的矛盾。有利于培育壮苗,苗床面积小,能做到精细管理,移植时可挑选大苗、壮苗移植,能做到一次全苗,有利于双低油菜的标准化生产。

1. 壮苗的标准

油菜健壮的幼苗应具有的形态特征:秧苗矮壮,节间短缩,叶序排列紧密;叶片大而适度,呈正常绿色,叶柄粗短;根系发达,主根粗大,支细根多,幼嫩根多,根颈粗短;移植时达到"三七标准",即以绿叶7片,苗高23厘米,根颈粗0.7厘米左右,秧龄适当,白根多,无高脚苗,无病虫。生理指标要求:叶片全糖含量(占干重)大于8.5%,全氮含量(占干重)4%左右,单位叶面积重不少于30毫克/平方厘米。

2. 培育壮苗的措施

(1) 选好和留足苗床 为了能培育壮苗,一般选择背风向阳,地势较平坦,土质肥沃疏松,保水保肥力好,排灌方便,并且在一二年内未种过油菜或其他十字花科蔬菜的旱地做苗床。

留足苗床地面积,是稀播培育壮苗的重要条件。苗床面积小,播种量过大,就会出现苗挤苗,形成高脚苗或弱苗,导致根系发育不良。苗床面积应根据大田计划面积和种植密度来确定。一般苗床与大田的比例为 1:5～6。

(2) 精细整地,施足基肥 油菜种子小,发芽出苗顶土力弱,苗床整地必须做到平、细、实,即在播种前翻耕晒白苗床,敲碎土块,开沟做畦,畦宽 1.5～2 米,畦沟宽 25 厘米左右,沟深 15～20 厘米,畦面平整,土壤细碎,土层上松下实。

施足基肥,以有机肥为主,每 667 平方米苗床用猪粪 1 000千克或人粪 500 千克,过磷酸钙 20～25 千克,氯化钾 5 千克,混合拌匀堆沤 7～10 天,做基肥撒施于畦面,结合整地拌和于表土层,使土、肥充分混合,然后将苗床整平做畦。

(3) 选种、晒种 播前应晒种 1～2 天,去杂去秕,以提高种子出苗率。用种子包衣剂包衣的种子播种最好。

(4) 适期早播,适量稀播 冬发双低油菜迟播不利于高产,早播才能充分发挥增产潜力,夺取高产。早播油菜种子发芽迅速,苗齐苗壮。而迟播油菜营养生长期短,气温低,幼苗生长缓慢,不利于培育壮苗。但早播应兼顾壮苗早发和安全越冬两个方面,以冬前不现蕾抽薹为原则。在华东地区,即长江下游地区,做冬发(秋发)型油菜栽培的播种期一般在 9 月 15～20 日。长江中游,四川盆地,云贵高原适宜播种期也在 9 月中、下旬。据浙江省湖州市粮油技术推广总站 2000 年油菜播种期试验,沪油 15 双低油菜新品种播后 40 天移植时考查秧苗素质,9 月 20 日播种的苗高为 23.3 厘米,叶龄为 6.3 天,根颈粗 0.62 厘米,单株叶面积为 342.7 平方厘米,达到壮苗标准;而 10 月 10 日播种的苗高为 18.2 厘米,叶龄为 5.1 叶,根颈粗 0.43 厘米,单株叶面积为 165.8 平方厘米,秧苗素质较差,不符合壮苗要求。

苗床播种一般为撒播,每 667 平方米播种 0.4～0.5 千克,要求分畦定量,均匀播种,做到不漏播,无丛籽,无深籽。播后拍实畦面,使种子与土壤密切接触。播种后每 667 平方米用 1 000 千克稀薄人粪尿泼浇促早出苗。如遇干旱天气,播后可在畦面覆盖少量碎稻草,并浇水保湿,争取早出苗,早齐苗。因双低油菜种子细小圆滑,为播种均匀,可掺细土播种。用种子包衣剂的双低油菜种子较易匀播。

(5)加强苗床管理

①间苗定苗 由于油菜育苗播种时,播种数大于留苗数,加上播种技术较难控制,生产上,要求早间苗,稀定苗。第一次间苗在齐苗后第一片真叶期进行,做到苗不挤苗;第二次间苗在第二片真叶时进行,做到苗不搭叶,3 叶 1 心定苗,每平方米留苗 120～130 株,苗距 8～10 厘米。每 667 平方米留苗 70 000 株左右。间苗时做到"五去五留",即去弱苗,留壮苗;去小苗,留大苗;去密苗,留匀苗;去杂苗,留纯苗;去病苗,留健苗。同时要拔除杂草,保证菜苗生长健壮。

②及时适量追肥浇水 苗床肥水管理应采取前促后控的方法,5 叶期前以促为主,5 叶后要进行肥水控制。播种后如遇干燥天气,要及时浇水抗旱,浇好发芽出苗水,以土面不发白为宜。齐苗后,减少浇水次数,以促根系下扎。苗期施肥按"少

量多餐"的原则,4叶期前施肥2～3次,每次667平方米用稀人畜粪尿250～500千克或尿素3～4千克加水1000升泼浇。5叶期后减少浇水施肥,以促进体内营养物质的积累,提高幼苗的碳素水平。移植前1周内施好起身肥,使秧苗在短时间内吸收较多的氮素,以提高移植后的发根力,每667平方米可用尿素8～10千克加水浇施。

③化学调控,培育壮苗 在冬发(秋发)油菜栽培过程中,由于播种期早,出苗快,叶片生长迅速,如苗床密度大,容易形成旺长苗、高脚苗等不正常的苗类。实践证明,在苗期施用多效唑、烯效唑等生长延缓剂,对调节油菜苗期生长,提高秧苗素质和抗寒能力有显著效果。生产上,可在油菜秧苗3叶期用150毫克/千克多效唑或40毫克/千克烯效唑溶液均匀喷施幼苗,可促使秧苗矮壮,根颈粗壮,绿叶多,叶色深。如遇干旱天气,喷施多效唑溶液可推迟到4叶期,浓度可降到100毫克/千克。遇多雨天气,应将浓度提高到150～200毫克/千克,并酌情增喷1次。施用多效唑溶液最好是在下午喷施,并做到细雾匀喷,避免重喷或漏喷,喷后遇雨要适量补喷。

据江苏省通州市作栽站试验,油菜育秧也可施用油菜壮秧营养剂,培育壮苗。油菜壮秧营养剂是由江苏省海安县农牧渔业局研制开发,海安达丰壮秧厂生产的营养制剂。其主要成分有酸剂和母剂加氮、磷、钾等多种营养元素复合而成,具有促进根系生长,调节酸碱平衡,肥料缓慢释放,且肥效长的特点。施用壮秧营养剂,不能培育壮苗,只能减少用工(追肥、化控等用工)。试验中,以每平方米施40克油菜壮秧营养剂最好。

④病虫害防治 油菜育苗期容易发生蚜虫、菜青虫、黄曲跳甲和猝倒病等病虫的危害,应及时进行防治。当苗床有蚜株

率达 10%，每株有蚜虫 1～2 头时，用 40％氧化乐果乳剂 1 000 倍液喷雾；菜青虫在 3 龄前，每 667 平方米用 50％敌敌畏乳剂 1 000～1 500 倍液喷杀；防治幼苗猝倒病可采用多菌灵床土消毒和药土盖籽；发病初期用恶霉灵、普力克或杀毒矾液喷雾等农药防治。

（四）精细整地、施足基肥、合理定植

1. 打好冬种"前哨战"，降低地下水位

稻田种植双低油菜的，要在前茬水稻收割前开好稻垄沟，以降低地下水位和土壤含水量。要坚持晴天爽田移植。如遇天雨田烂，应先开沟排水，不要冒雨抢种。

2. 整地方式

旱地在前作收获后及时深翻 25～30 厘米，精整土地，做到土粒细碎，均匀疏松，无大土块和大空隙，干湿适度，南北向开畦，畦宽 160～170 厘米，畦沟宽 30 厘米，深 20 厘米，四周开好排水沟。稻茬板田移植，畦面宽 160～170 厘米，畦沟宽 25 厘米，每畦可栽 4 行油菜。在水网平原地区或地势低、地下水位高、土壤黏重的烂泥田，可实行每畦栽 2 行的双垄栽培法，一般做法为：畦面宽 50～60 厘米，畦沟深 50 厘米，沟泥全部堆在畦面上，达到狭畦高垄，排渍效果较好。移植前开好围沟、腰沟和畦沟，做到沟渠相通，雨停田干，明水能排，潜水能滤。

3. 施足基肥

移植前必须将土壤整细整碎。在筑畦整地的同时,必须结合施足基肥。基肥应以有机肥为主。基肥既能改良土壤物理结构,又能提高土壤肥力,活跃土壤微生物而且在有机质逐渐分解的过程中不断供给油菜整个生育期的养分,对改良土壤、培育壮苗、提高产量起到极为重要的作用。基肥比重应占总施肥量的 30%～40% 左右,基肥应以有机肥为主,迟效肥为主,迟效和速效结合氮、磷、钾肥配合,磷肥以及钾肥最好在基肥中一次性施完。有机肥疏松通气,保水性好,肥效全面,既有利于土壤改良,又有利于油菜根系的生长。单独施用速效化肥,容易造成肥料流失,并使油菜苗烧根。土壤有效硼(B)含量≤0.33 毫克/千克的缺硼土壤,一般每 667 平方米施硼砂 0.4～0.5 千克,可满足油菜对硼的需要,增产显著。

4. 适期早植,适度稀植

近几年随着农业种植结构的调整,各地区冬油菜区普遍提倡壮苗早植。因为早栽油菜在秋末冬初较高温度下有利幼苗早活棵、快发根、多长叶,促进冬发,并为春后茎秆、分枝的生长创造良好的条件,为形成足够的角果数,夺取油菜高产打下基础。目前,多数双低油菜品种的适宜秧龄为 30～40 天,冬发(秋发)油菜定植期以在 10 月底前为宜。据浙江省湖州市粮油技术推广总站 2000 年试验,沪油 1 号双低油菜新品种在早播早植(9 月 20 日播种,10 月 30 日移植)的情况下,单株一次分枝数、二次分枝数、角果数分别为 10.3 个、12.3 个和 408.6 个,每 667 平方米产量达到 205.6 千克,而迟播迟植(10 月 10 日播种,11 月 20 日移植)的单株一次分枝数、二次分枝数、角果数明显减少,分别为 8.2 个、9.1 个和 338.2 个,每 667 平方米产量仅 175 千克,减产 14.9%。

栽植密度应根据土壤肥力、品种特性、播种期、定植期以及栽培管理技术等因素而定,一般作冬发(秋发)油菜栽培的土壤肥力和施肥水平较高、且大多早播早栽,定植密度应稍稀,增加单株分枝数和角果数,充分发挥单株生产能力,一般每 667 平方米栽 6 000～8 000 株,早植多肥宜稀,迟植少肥宜密。据浙江省海宁县农业技术推广总站在 1999～2000 年对沪油 15 的密度试验,11 月初移植,随着密度的增加,单株有效分枝数、角果数均有不同程度的下降,每 667 平方米栽 6 000 株、8 000 株和 10 000 株的一次分枝数分别为 10.7 个、9.2 个和 7.9 个,单株角果数分别为 504.4 个、397.6 个和 325.9 个。产量以每 667 平方米植 8 000 株为最高,其次为每 667 平方米植 6 000 株,每 667 平方米栽 10 000 株最低,667 平方米产量分别为 193 千克、190.5 千克和 186 千克,产量差异不显著。移植时应提倡宽窄行种植,一般宽行 40～45 厘米,窄行 30～35 厘米,窄行排在畦边,宽窄行相间种植,株距 15～20 厘米。当然,迟栽的早熟双低油菜,或海拔稍高,土地肥力相对稍低,施肥又不足的地区,移植密度也可达 10 000～15 000 株/667 平方米。

5. 提高移植质量

(1)起　苗　在拔秧起苗、定植时应力求减少对叶片和根系的损伤,多带护根泥土,使新生根系生长速度快,油菜苗活棵恢复生长的时间短。定植前如苗床干硬,要在起苗前 1 天浇水,使苗床湿润土壤膨松,便于起苗。

(2)严把移植质量关　一般移植时应做到"三要三边"。三要是:行要栽直,根要栽正,棵要栽稳;三边是:边起苗,边移植,边浇定根肥水。具体操作上要注意大小苗分别拔、分批栽、不混栽;栽新鲜苗,不栽隔夜苗。油菜秧苗要尽量多带土而不损伤根系,达到带土带肥药移植。

(3)施好压根肥,浇好定根水 稻板茬油菜在移植时,一般在每667平方米用猪栏肥1 000～1 500千克或土杂肥1 500～2 000千克做基肥的基础上,还应边种边施压根肥。一般每667平方米用复合肥30～40千克,过磷酸钙10～15千克,硼砂0.5～1千克拌适量细泥土压根,栽后当天或次日每667平方米用500千克稀人畜粪水浇施,以促进根、土、肥三者密接,及时供给养分,促进菜苗早发根早活棵。

6. 双低油菜大田管理

(1)双低油菜越冬期田间管理技术

① 冬发(秋发)壮苗的特点和标准要求 油菜从播种发芽、出苗到现蕾抽薹称为苗期,一般约占全生育期的60%。各地冬油菜区移植后大田苗期根据气温和生育特点,可分为大田苗前期和苗后期。苗前期一般是从油菜移植后到12月下旬冬至前后为止,气温由高到低,幼苗只有长根、长叶的营养器官生长;苗后期大约从冬至(12月下旬)到翌年立春(2月上旬),油菜进入越冬阶段,也是全年气温最低的时期,从花芽开始分化起,便进入了营养生长与生殖生长同时并进时期,但仍以营养生长占主导地位。虽然苗后期是一年中气温最低的时期,营养器官的生长和生殖器官的发育都很缓慢,但由于主茎上的第一次分枝多在冬前和越冬期开始分化花芽,因此在大田苗期加强管理,形成冬发壮苗,使越冬期幼苗生长健壮,养分供应充足,腋芽发育良好,能分化形成较多的一次有效分

枝,同时主花序和次分枝花序上将分化发育较多的花蕾,对增加单株有效一次分枝数和有效角果数,有十分重要的意义。

双低油菜冬发壮苗的形态指标是冬前(12月底)单株绿叶数10～12片,叶面积指数1.5左右;秋发的形态指标是冬前单株绿叶数12～14片,叶面积指数2.5～3,最大叶开盘直径50厘米,根颈粗1～1.5厘米,全田已封行。油菜冬发(秋发)苗根茎粗壮,长势强,不抽薹早花,植株抗寒性强,形成优良的苗架和稳健的生长态势,为油菜春发高产打下扎实的基础。

②冬发(秋发)壮苗管理技术

第一,早施苗肥。苗肥早施有利于在前期较高的湿度条件下,促进冬前的根系生长和营养体生长,达到冬发壮苗的高产苗势。双低油菜苗肥更应以早施为宜,以氮素肥料为主,一般应在移植后20天内分2次进行追肥,施肥量占总肥量的20%。第一次在移植后5～7天,看天看地追施活棵肥:如天气少雨干旱或土壤湿度小的田块,每667平方米用人粪尿500～750千克或用尿素2～3千克加水1 000～1 500升浇施,使根、肥、土三者密接,增加土壤湿度;对天气多雨或田间湿度大的田块,则可直接追施速效氮肥。隔10～15天施第二次追肥,每667平方米用碳铵10～15千克或尿素5千克加水1 000～1 500升泼浇。

油菜越冬至抽薹期间易遭受低温危害,过量的生长将使抗冻能力下降,且易出现返青期旺长,对增加有效分枝也无实际意义。因此在前期生长量大、施肥量较多的前提下,应适当控制这一阶段的生长,不断充实内部组织结构,保持适宜的含糖量和含糖率,形成壮苗安全越冬。冬发(秋发)油菜冬前生长旺盛,组织柔嫩,苗肥施用过迟,越冬期油菜植株体内含糖率低,抗寒力下降,油菜易受冻害,腊肥要以有机肥为主,否则会造成油菜返青期的旺长,增加无效分枝,致使群体发展过大。

第二,勤中耕,早除草。油菜活棵后要早松土,勤中耕,破除板结,疏松土壤,提高地温,并结合中耕松土适当用细土壅培苗根,封没移植刀缝和泥土间隙,减少漏风伤苗,使油菜根系发育良好。在油菜移植后30天左右,当田间杂草达3~5叶期时,每667平方米用5%精禾草克乳油50毫升或10.8%高效盖草能乳油20毫升加水35升畦面喷施,杀灭新生杂草。

第三,清沟培土,查苗补缺。油菜移植1周后,结合施第一次苗肥,逐畦检查,发现死苗缺株,应立即用事先留好的预备苗带土补栽。各冬油菜区,现阶段以稻板茬育苗移植为主,土壤通气不良,地下水位高,越冬期雨雪天气多,易发生渍害。因此,移植时要做到爽田栽苗,在雨雪天来临之前,要抓紧开深腰沟和围沟,清理畦沟,排明水,滤暗水,雨住田干,促使冬季油菜的正常生长发育。同时,结合施腊肥进行2~3次中耕培土,起到保肥增温、防冻防倒作用。

第四,早薹早花的补救。部分半冬性和春性双低油菜品种遇暖冬年份或在早播早栽情况下,冬季生长过旺,出现年前抽薹开花,这些早薹早花易受冬春寒潮影响,使蕾薹遭受冻害。对于有可能出现早薹早花的田块,可采取深中耕措施,损伤部分根系,延缓早薹早花现象的发生。对已经受冻的早薹油菜,应及时摘薹,促进下部分枝生长。摘薹要在晴天温度较高时进行,切忌雨天进行,以免造成伤口腐烂。摘薹后立即追施速效肥料,促进恢复生长。

(2)油菜蕾薹期田间管理技术

①油菜蕾薹期的生长特点和标准要求 油菜蕾薹期是从油菜现蕾开始到初花为止的生育阶段,各地区冬油菜区是从

1月底2月初到2月底至3月上旬,约30天左右。在这个生育阶段,气温逐渐回升,光照时间逐渐增长,雨量充沛等自然气候对油菜生长发育有利,但气温上升不稳定,风雨寒潮频繁,田间湿度大,易导致植株冻害和根系衰弱,病害发生,会严重影响产量。油菜蕾薹期是油菜营养生长和生殖生长两旺的时期。这一阶段表现最突出的是叶面积大幅度增长,到初花期叶面积指数达一生中最大值。同时表现为主茎迅速伸长,分枝不断抽生,花蕾加快分化,根系继续扩展,叶片的同化作用和根系吸收能力显著增强。

油菜蕾薹期是油菜春发稳长,达到根强、秆壮、枝多,为争取角多、粒多、粒重奠定基础的关键时期。也是油菜吸收氮、钾养分最多时期。植株体内氮素和钾素营养日积累达最高峰,需要吸收较多的养料,以利于形成大量的蛋白质、碳水化合物等有机物,以构成繁殖器官。此阶段氮、磷、钾营养供应充足与否,对单株有效分枝数和角果数有重要影响。这个时期管理工作的重点是促进油菜春发稳长,协调营养生长和生殖生长、个体与群体的矛盾,争取枝多、角多、粒多,减轻病虫的危害。

②油菜蕾薹期田间管理技术

第一,早施重施薹肥。油菜蕾薹肥是促进油菜的春发稳长,争取枝多角多,实现油菜高产的关键肥。生产上,薹肥的施用要看苗、看地、看天合理进行,以掌握早发稳长、不早衰、不徒长贪青为原则。如华东地区由于冬季气温低,腊肥施用量少,开春后气温回升慢,加之现有的大部分双低油菜品种大都冬前生长较慢,苗势较弱,但春发较快,需肥量相应较多,蕾薹肥一般要早施重施。浙江省湖州市粮油技术推广总站2000年试验表明,沪油15双低油菜新品种在前期施肥水平相同的情况下,每667平方米增施薹肥(纯氮)2.3千克、4.6千克和

6.9千克的一次分枝数分别为8.3个、9.1个和9.6个,比不施薹肥对照增加1.5个、2.3个和2.8个;单株角果数分别为339.6个、366.1个和383.9个,比对照增加26.4个、52.9个和70.7个;每667平方米产量分别为181.1千克、192.6千克和201.5千克,比对照增产8.8%、15.7%和21%,增产效果显著。对于春季温度高,雨水多,地力肥沃,腊肥足,油菜长势强,则可少施、迟施薹肥。抽薹时叶片大,薹顶低于叶尖的要少施或不施。薹肥一般在薹高10~20厘米时每667平方米施用尿素10~12.5千克,占总氮量的30%左右。

第二,补施硼肥。油菜是对硼素敏感的作物,缺硼时表现为花而不实。在缺硼的土壤上增施硼肥,前期可促进发根壮苗,中期促长叶伸薹和增花增果,后期增加产量和含油量。根据有关试验结果,在油菜苗期和薹期施硼的增产效果最好,并可使菌核病的发病率降低,表明硼在油菜上既能防病又有增产作用。在山边沙性田和基肥未施硼肥的油菜田,应在初薹时和初花时两次补喷硼肥,使用方法为每次每667平方米用高效速溶硼肥100克加水30升均匀喷施。

第三,排水防渍。开春后雨水明显增多,土壤含水量过多,通气不良,妨碍根系生长扩展,阻碍养料吸收,造成烂根死苗,生长发育不良。同时,由于田间湿度大,有利病虫发生和蔓延。因此,要在冬前开沟的基础上,春后及时清理“三沟一渠”,保持田内外沟渠相通,排灌畅通,做到雨止田干,严防雨后积水渍害,以利壮根,防病、防倒伏。

第四,中耕除草。随着雨水增多气温升高,杂草生长迅速,土壤易板结,因此在早春油菜封行前应及时中耕除草,疏松表土,提高地温,改善土壤理化性状,促进根系发育。同时中耕有切断菌核病子囊盘柄和埋没子囊盘,减轻菌核病发生的作用。

第五，化控防倒。油菜蕾薹期是油菜进入营养生长和生殖生长两旺的时期，但仍以营养生长占优势。在气温高、前期施肥量多、密度大的情况下，营养生长和生殖生长易失调，造成植株生长过旺，田间通风透光差，表现为油菜茎秆嫩绿，叶片较大，从而导致病虫害的发生，植株的过早倒伏，产量显著下降。多年试验表明，采用生长调节剂多效唑，在油菜蕾薹期进行叶面喷施，可有效控制抽薹速度，降低主茎和分枝高度，对叶长、柄长、叶宽均有一定的抑制作用，增强抗倒伏性，降低菌核病的发生程度，提高油菜产量。使用方法为每 667 平方米用 15% 多效唑可湿性粉剂 40～50 克对水 40 升喷雾。

第六，病虫害防治。油菜蕾薹期菌核病、病毒病以及蚜虫、潜叶蝇等病虫害普遍发生，应在初花期及早做好防治工作。

（3）油菜花角期田间管理技术

①油菜花角期的生长特点　油菜花角期是指油菜始花至成熟所经历的一段时期，包括开花期和角果发育期两个生育时期。开花期是指始花到终花，即从油菜大田有 25% 植株开始开花到 75% 植株开花所经历的一段时间，长江流域冬油菜区一般是 3 月上中旬至 4 月上中旬。角果发育期是指终花到成熟，大约在 4 月上中旬至 5 月上中旬。

油菜进入花角期之后，即转入了以生殖生长为主导的生育时期，只有少量的营养生长。到角果发育期，则进入完全生殖生长的时期，也就是直接形成产量的时期。这一时期的田间管理以增角、增粒、增重为中心。

②油菜花角期田间管理技术

第一，巧施花角肥。大部分双低油菜前期生长势较弱，后期容易出现早衰。如前中期施肥少，春发不足，个体群体小；或前期施肥过量，中期控肥，后期也容易出现早衰现象。诸如叶片提早枯黄脱落,花序变短,花序尖端不实段增长等。因此,在初花期或终花期应增施速效氮肥的叶面肥。如前中期施肥足,植株生育正常,宜喷施速效磷钾叶面肥。一般用 0.3% 尿素液或 0.3% 磷酸二氢钾液。

第二,灌溉与排水。油菜生育期长,植株体大,枝叶繁茂,是需水较多的作物。而油菜薹期和花期是需水最多的时期。当土壤田间含水量在 70% 以上,能满足花期对水分的要求,低于 60% 时对产量有影响。但角果发育期对水分的要求下降,只要保持田间含水量的 60% 以上即可。华东地区油菜花角期雨水较多,又因地下水位较高,常易渍害严重。因此,仍应注意雨后清沟排水,防止渍害,但遇干旱时,必须及时沟灌抗旱。

(五)适时收获

适时收获是油菜生产的重要环节。收获过早,角果的成熟度低,种子中油分转化不充分,含油率低,种子不饱满,品质差和产量低。收获过迟,角果容易炸裂,落粒严重。因为植株各部位的角果和种子的成熟有先有后,所以判断油菜成熟程度,确定适宜的收获期时,应根据整个植株的茎叶状况、果皮色泽和种子成熟程度来决定。

油菜成熟过程通常可分为绿熟、黄熟和完熟 3 个时期。绿熟时期,大部分种子仍现绿色,籽粒较软,收获嫌早。完熟期虽大部分种子均熟透,但收割时角果易炸裂造成损失。当油菜达到黄熟期时收获最适宜。黄熟期的标志是:主茎呈淡绿色,叶片脱落,主花序角果多呈鲜亮的枇杷黄色;中上部分枝角果为黄绿色;籽粒由绿色转为紫红色或暗褐色,籽粒饱满、硬化。当全田中 70%～80% 角果呈现黄色时,即为黄熟期。黄熟期收获的籽粒,经一段时间的后熟,其产量和质量都较高。

油菜的收割宜在清晨露水未干时进行。人工收割后的油菜都要堆垛和晾晒,以便油菜籽粒后熟。经过后熟的油菜,应及时脱粒干净,并趁晴天晒干扬净。所谓后熟,是指油菜植株在黄熟期被割倒后,种子的成熟过程仍未停止,茎和角果皮中的营养物质仍在继续向籽粒中运转,籽粒中的营养物质的积累和转化过程仍在进行。经充分后熟的种子,粒大饱满,油菜籽的产量和含油量提高。在正常气候条件下,堆垛后熟需 3～7 天,时间过长,垛内温度太高,会影响种子质量,甚至发霉。劳力紧张时,油菜植株也可以不堆垛,将植株割倒后,随即放在田间晾晒,再脱粒,但其后熟效果较差。

七、双低油菜直播高产栽培技术

直播油菜是指油菜种子直接由人工或机械播种到大田，无育秧过程的栽培技术。直播油菜在国外应用广泛，在我国也有部分地区的油菜采用直播栽培，我国冬油菜区直播油菜的前茬以水稻居多，其中又可分为稻后直播和稻田套播两种种植方式，在沿海一些工副业发达地区已成功研制出油菜播种机和收割机，并应用于生产。

（一）直播油菜的优势和生育特点

我国南方冬油菜区以水田油菜为主，并与稻、麦轮作复种，为适应水稻土的生产特点，克服季节矛盾，历史上大多采用育苗移植的栽培方式，直播油菜仅在少数地区种植。20世纪80年代中后期，随着二熟制的发展，沿海地区开始了新一轮种植直播油菜的尝试。到20世纪90年代末，采用直播油菜的种植方式开始增多，长江流域直播油菜面积约占油菜种植面积的10%。

1. 直播油菜的优势

（1）节省秧田　直播油菜直接播种于大田，省去了育苗过程，因此也节省了育秧用地。按照1公顷秧田移植6公顷油菜计算，每公顷直播油菜可节省秧田0.17公顷，大大提高了土地的利用率。

（2）节约劳力　直播油菜与移植油菜相比省去了育苗与

移植两个过程,因此也减少了劳动力。据上海市农业技术推广中心 2000～2002 年(夏收)调查资料,移植油菜从播种到收割平均每公顷投入劳力 164.7 个工,直播油菜仅需投入劳力 109.95 个工,比移植油菜减少 54.75 个;如直播油菜采用机械收割,仅需投入劳力 78 个工,比移植油菜减少 86.7 个工。另据姚全甫等(2002)在浙江省嘉兴市秀洲区调查表明,直播油菜每公顷花工数:播种 3 个工,间苗 22.5 个工,施肥 22.5 个工,除草防病治虫 30 个工,收割脱粒 45 个工,晒干 15 个工,合计 138 个工。每公顷移植油菜花工数:苗床育秧 22.5 个工,拔秧移植 75 个工,施肥 22.5 个工,除草防病治虫 30 个工,清沟培土 15 个工,收割脱粒 45 个工,晒干 15 个工,合计 225 个工,比直播油菜增加 87 个工。

(3)增加效益 据上海市农业技术推广中心调查资料,直播油菜比移植油菜每公顷省工 54.75 个工,按每个工 20 元计算,节省活化成本投入 1 095 元;机械收割的油菜比移植油菜省 86.7 个工,扣除每公顷机械收割费用 556.95 元,仍可比移植油菜节省活化成本投入 1 177.05 元。据姚全甫等调查,每公顷直播油菜比移植油菜少 87 个工,以每个工 20 元计算,每公顷节省 1 740 元。

(4)改善环境 机械收割的油菜,由于秸秆粉碎后还于田中,避免了农民焚烧秸秆造成的环境污染问题。秸秆还田有利于改善土壤理化性状,增强后茬作物的肥料利用率,减少氮肥施用量,是一项一举多得的技术措施。

2. 直播油菜的生育特性

(1)主根入土深 直播油菜未经过移苗这一过程,根系入土深,但侧根生长发育的能力相对较弱。据江苏省昆山市作物栽培站谢正荣等（2002）报道，直播油菜主根入土可达 50 厘米左右，侧根与细根集中在 20 厘米左右的耕作层内，水平扩展为 40 厘米左右。稻田套播的直播油菜主根在越冬前入土深度可达 15 厘米左右，有利于吸收土壤深层的水分和养料，其耐旱和抗倒伏能力都较强。但由于其须根数量较少，平均长度仅为 3～5 厘米，吸收耕作层内土壤营养物质的能力较弱，冬前营养体小，苗期素质较差。因此，直播油菜更应重视开沟、覆土、降湿等项工作，促进冬前根系的生长。

（2）病害较轻　直播油菜由于播种较迟，相对开花也较迟，而且花期短而集中，所以在一定程度上可以避开菌核病的感染高峰期。由于双低油菜的耐病性大多差于非双低油菜品种，采用直播栽培可在一定程度上减轻发病。

（3）个体发育较差　由于直播油菜受前茬成熟期的影响，播种迟，全生育期短（如沪油 15 品种进行直播栽培，全生育期 208 天，比移植油菜短 30 天），尤其是冬前生长期短，营养生长期也相对较短（如沪油 15 品种进行直播栽培，苗期 110 天，比移植油菜少 25 天），个体发育较差，单株生产力低。据江苏省昆山市作物栽培站谢正荣等（2001）对稻田套播的直播油菜调查，冬前营养体小（见表 4），与 9 月 20 日的板田移植油菜

表 4　油菜不同种植方式冬前苗情特征

种植方式	播期（月/日）	密度（株/667 米²）	苗高（厘米）	叶龄（天）	单株绿叶（片）	叶面积（厘米²）	叶面积系数	根颈粗（厘米）	主根长度（厘米）	单株鲜重（克）地上	单株鲜重（克）地下
板田	9/20	6071	29.0	13.2	8.0	870.6	0.79	1.30	16.3	93.1	16.7
移栽	9/23	6818	26.7	12.7	7.3	754.0	0.77	1.18	15.2	79.7	14.9
稻田	10/13	24640	13.5	5.8	4.7	92.4	0.34	0.45	15.8	13.0	6.3
套直播	10/20	27446	11.7	5.5	4.0	76.6	0.32	0.40	14.9	10.3	5.3

相比,10 月 20 日播种的稻田套播直播油菜苗高降低 59.7%,叶龄减少 58.3%,单株绿叶数减少 50%,单株叶面积减少 91.2%,根颈粗减少 69.2%,叶面积系数减少 59.5%。所以,应合理密植,以群体优势弥补个体生长的不足,才能获取高产。

(4)杂草容易发生　直播油菜采用种子直接播种于大田的方法,油菜种子和杂草种子如同处于同一起跑线上,油菜种子的出苗和秧苗生长与杂草基本同步,如管理不善,极易发生杂草危害。据上海市嘉定区和奉贤区植保部门 2000 年定点观察,直播油菜播种时禾本科杂草即开始出生,播种后 7 天,双子叶杂草开始出生。11~12 月份杂草即进入发生高峰。根据这一规律,在直播油菜播种后,应采取化学防除,消灭草害,这也是直播油菜争取一播全苗的关键性技术措施之一。

(二)直播油菜产量的决定因素

直播油菜的籽粒产量同样是由密度、单株有效角果数、每角实粒数和千粒重构成。所不同的是,由于直播油菜单株生产力低,分枝数和单株角果数少,决定产量的关键因素主要受控于主茎和一次分枝的有效角果,所以,要获得高产,密度是一个主要的决定因素。

直播双低油菜每公顷 2 250 千克的产量结构是(沪油 15 品种):密度 37.5 万~52.5 万株/公顷以上,单株有效角果数 80~110 个,每角实粒数 15.5~16.5 粒,千粒重 3.5~3.7 克。据上海市近几年沪油 15 品种产量结构统计资料,每公顷角果数的变幅为 25.82%,粒数变幅 17.89%,粒重变幅 6.37%。据此可见,提高直播油菜单位面积产量的途径首先应从合理密植着手,提高每公顷有效角果数,在此基础上争取较多的角粒数和千粒重,实现单位面积上油菜籽产量的进一步提高。

(三)直播油菜播种育苗技术

培育壮苗不仅是移植油菜苗期要达到的目标,同样也是直播油菜获得高产的重要基础。试验研究和生产实践表明,直播油菜培育壮苗具有十分显著的增产作用。据上海市农业技术推广中心 1998~2002 年(夏收)调查资料表明,双低油菜沪油 15 和沪油 12 品种进行直播栽培,小寒节气时,绿叶 5 片左右,叶面积 200 平方厘米以上,根颈粗 0.4 厘米以上的壮苗油菜,比同期绿叶 3 片左右,叶面积 100 平方厘米左右,根颈粗 0.3 厘米以下的弱苗油菜,每公顷增产 109.5~625.5 千克,增幅达 6.17%~45.52%。壮苗类型的直播油菜由于积累的养分较多,苗体健壮,抗逆性佳,抵御冻害的能力较强,所以冬季遇低温侵袭不易发生死苗,为直播油菜争取高产构建了良好的群体条件。

1. 前茬准备

油菜前茬大多以水稻为主,直播油菜受其成熟收获期的限制,播种较迟,营养生长期短,生产力降低,从而影响产量的提高。所以,直播油菜应适期播种,前茬的品种选择十分重要。一般应选择既高产优质,又符合直播油菜对播种期要求的早熟或早中熟水稻品种。同时,由于油菜为旱田作物,不耐渍水,前茬水稻应适当提早搁田,防止搁田过迟,田脚过烂,影响机械播种和油菜根系的生长。

2. 选择品种

对于采用机械收割的油菜,品种选择较为重要。机械收割的油菜,在机械收获过程中,要经过分禾、割台等过程,极易造成油菜角果开裂,籽粒脱落,影响产量。因此,宜选择角果耐开裂性强的品种进行种植。

3. 适期播种

适期播种是直播油菜壮苗越冬的一项重要技术措施。播种至出苗阶段的栽培要求是:一次播种一次齐苗,实现以全苗为中心的早、全、齐、匀的要求。

(1)播种方式　目前较常用的播种方式有稻田套播和稻后直播两种。稻田套播是指水稻收获前3~5天,采用人工播种,将油菜种子均匀撒在稻田中;稻后直播是在水稻收获后,将油菜种子均匀撒播或条播在稻田中。对于直播油菜来说,两种播种方式各有千秋。稻田套播较适宜于季节紧张,前茬收获偏迟的田块。由于套播,与水稻有3~5天的共生期,能抓紧季节,抢早播种,充分利用冬前的有效积温,培育健壮秧苗;另外,也适用于田脚烂,不适宜于机械播种的田块。稻后播种则适应于经济发达,规模化生产的农场和种植大户,机械化程度较高,季节矛盾不突出的地区。前茬水稻采用机械收获,留茬高度10厘米左右,不超过15厘米。半量还田,油菜播种采用集浅耕翻、开沟、播种几种程序一次到位的播种机,大大节省了人工投入,减轻了劳动强度。据岑竹青(2002)撰文介绍,油菜直播机械化技术(条播、穴播、撒播):一是先耕整地,用播种机将种子直接播入土壤;二是在未耕地上采用多功能(灭茬、碎土、播种、覆土、镇压)播种机将种子直接播入土壤;三是在整好地的基础上,采取铺膜播种机(播种、铺膜、打孔,主要指西部地区)机播;四是用先进的精密播种技术,这种播种一般是分段进行的,首先对种子精选,精选过的种子用专用精密播种设备,将种子按株距播入专用纸绳内,再用机械将种子绳按农艺要求植入土壤内,这种技术设备一次性投入较大,适用于土地规模经营或规模服务地区。

(2)播种期　适期抢早播种是直播油菜利用冬前的有效生长期,争取临冬绿叶数的有效途径。据 1998 年秋和 2000 年秋,上海市松江区佘山镇和奉贤区洪庙镇直播油菜不同播种期试验分析,主茎叶片数与一次分枝呈高度正相关(见表 5,

表 5　不同播种期对直播油菜秧苗素质和产量性状的影响

| 品　种 | 播种期 | 小寒苗情 | | | 考　种 | | | | 理论产量 |
		绿 叶 (片)	叶面积 (厘米²)	根颈粗 (厘米)	分 枝 (个)	667 米²角数 (个)	粒 数 (粒)	千粒重 (克)	(千克/ 667 米²)
	10 月 17 日	6.95	801.70	0.88	6.69	259.19	22.22	4.25	244.50
沪油 12	10 月 22 日	6.60	775.90	0.75	6.81	278.93	20.21	4.33	241.45
(1998 年秋)	10 月 27 日	6.35	535.60	0.77	6.44	276.30	19.25	4.24	225.91
	11 月 1 日	5.00	224.70	0.52	5.19	246.58	18.84	4.29	196.66
	10 月 22 日	6.50	91.15	0.36	3.68	268.50	15.90	3.53	150.66
沪油 15	10 月 26 日	5.30	74.50	0.29	3.45	255.13	16.03	3.55	145.20
(2000 年秋)	10 月 30 日	4.90	50.75	0.21	3.28	257.38	15.85	3.52	143.21
	11 月 3 日	4.43	31.00	0.15	2.90	235.50	15.93	3.46	129.82

表 6),农谚有"年前一片叶,年后多一枝;年前多一叶,年后多一枝"之说。而且,临冬绿叶数多,可以合成充足的养分,促使油菜在以根系生长为中心的越冬时期,根系不断向下深扎生长,增粗发根,形成强健的根系,为增枝增角奠定良好的基础。播种迟,气温低,油菜根、叶生长缓慢,冬季营养体小,抗寒性差,生长势弱,不利于油菜形成壮苗。当然,双低油菜直播栽培,播种期也不是越早越好。因为双低油菜的春性较强,遇暖冬年份过早通过春化阶段,往往会在冬季或早春出现抽薹和开花现象,影响产量的提高。试验结果和生产实践都表明,直播油菜的安全播种期在 10 月 17 日～26 日。

表 6 不同播种期对直播油菜产量的影响

品　种	播种期	产　量（千克/667 米²)	差异显著性	
			0.05%	0.01%
	10 月 17 日	177.04	a	A
沪油 12	10 月 22 日	177.06	a	A
(1999 年夏收)	10 月 27 日	161.75	b	AB
	11 月 1 日	150.11	bc	BC
	10 月 22 日	136.25	a	A
沪油 15	10 月 26 日	135.50	ab	A
(2001 年夏收)	10 月 30 日	127.00	ab	A
	11 月 3 日	121.25	b	A

(3)播种量　直播油菜单株生产力较低,应适当加大种植密度,以增加群体密度来弥补个体生长不足,达到增加单位面

积产量的目的。油菜播种数量应根据千粒重的高低决定,千粒重高的品种,可适当加大播种量;反之,千粒重低的品种,则应适当降低播种量。一般每公顷播种量在 3.75～4 千克。套播油菜考虑到水稻收割和机械开沟时的机械损失,播量可适当增加 0.75～1.5 千克。由于油菜籽粒细小,要做到稀播匀播难度较大,在播种时,每公顷加入 45～60 千克尿素,既有利于做到稀播匀播,同时,由于油菜幼苗"离乳"期早,播种时加入尿素后,幼苗刚出土就能吸收到足够的养分,满足其生长发育的需求。

(4)共生期 据吴美娟等(2002)1999 和 2000 年夏收测产,水稻和油菜的共生期以 4 天的处理产量最高。1999 年夏收,共生期 4 天的处理,每 667 平方米产量 174 千克;比 8 天的处理增产 30 千克,增 20.8%;比 6 天的处理增产 14.6 千克,增 9.2%;比 2 天的处理增产 6.2 千克,增 3.7%;比 0 天的处理增产 21.5 千克,增 14.1%。2000 年夏收实收产量也是以共生期 4 天最高,每 667 平方米产量 147.5 千克;比 0 天处理增产 12.5 千克,增 9.3%;比晚稻收割后 4 天播种的处理增产 24.5 千克,增 19.9%;共生期 12 天、8 天的油菜苗生长瘦弱,细长,由于菜苗生长不健壮,受当年度 12 月下旬强冷空气影响,因遭受严重冻害,基本绝收。水稻和油菜共生期 4 天的处理,苗期生长健壮,分枝部位低,分枝数多,单株角果、每角粒数多;而共生期过长,苗期生长细弱,不利于高产;共生期过短,则失去套播的意义。适宜的共生期,可避免冬播期间因不良气候影响造成的油菜迟播,使油菜能适期播种,有利于延长苗期生育阶段,解决季节与气候的矛盾。

（四）直播油菜种植密度

1. 合理密植与直播油菜个体和群体生产力的关系

直播油菜由于播种迟，个体生长势弱，单株分枝数少，角果数少，结角层薄，需要一定的个体数量通过合理密植，才能获得高产。而且较高的密度还有利于油菜在收获时保持较为一致的整齐度，适宜于机械收割。但合理密植也不是越密越好，在生长过密的情况下，植株个体往往发育不良，根颈细瘦，制约地上部的生长，由于营养生长的削弱，果序数减少，角果数降低，导致减产。所以，合理密植应有一定的限度。

（1）密度与角果数、每角粒数和千粒重的关系　油菜个体生长与群体生长的矛盾，在产量结构上主要表现为单株角果数与每667平方米角果数和每角粒数的矛盾。一般来说，群体大，个体生长相对较弱，角果数和角粒数少，千粒重也较低；反之，群体小，个体生长则较强，角果数和角粒数较多，千粒重也略高。据江苏省太湖地区农业科学院姚月明等（2000）研究，每667平方米密度1万株，个体发育最好，单株角果数最多，达127.9个，但由于群体小，没有充分应用光能和土地资源，每667平方米有效角果数反而最低，最终导致产量下降。每667平方米从1万株增加到6万株，单株角果数依次递减，密度6万株的仅36.38个，而且由于密度过高，个体发育较差，每角粒数和粒重都处于最低水平，从而造成了减产。所以，只有在适当扩大群体的基础上，争取最为合理的每667平方米角果数，达到最适个体与群体的统一，才能获得高产的目的。由此可知，在一定种植密度范围内，产量随密度的上升而提高（本

试验为 1 万～3 万株);当密度达到一定值时,产量徘徊;如密
度再继续提高,产量则有下降的可能(见表 7)。另据 2000 年
秋上海市奉贤区洪庙镇油菜沪油 15 品种密度试验资料分析:
在每 667 平方米 2 万～3.5 万株种植密度的范围内,单株角
果数和产量随密度的增加而增加;每角粒数以 2.5 万株密度
为最高,高于或低于这一密度则表现下降趋势,由于每角粒数
的降低,产量随密度上升而递增的趋势也逐渐趋缓。密度 3.5
万株每 667 平方米角果数最多,在每角粒数减少不多和千粒
重持平的情况下,产量最高,但与 3 万株间产量差异甚微。因
此,直播油菜的适宜密度是每 667 平方米 2.5 万～3 万株(见
表 8)。

表 7　太湖地区直播油菜密度试验产量及产量性状

密　度 (万株/ 667 米²)	单株角果数 (个)	667 米² 角果数	角粒数 (粒)	千粒重 (克)	产　量 (千克/ 667 米²)
1.0	127.90	119.43	19.06	3.88	80.33
2.0	75.615	145.25	19.92	4.20	100.72
3.0	56.98	173.81	18.12	4.18	144.71
4.0	48.845	210.47	17.70	4.06	142.66
5.0	45.73	223.07	17.25	3.89	139.40
6.0	36.38	206.73	16.82	3.81	141.60

表 8 上海市奉贤区直播油菜密度试验产量及产量性状

密 度 (万株/ 667 米²)	单株角果数 (个)	667 米² 角果数	角粒数 (粒)	千粒重 (克)	产 量 (千克/ 667 米²)	产量差异显著性 0.05%	0.01%
2.0	111.75	223.50	15.88	3.53	119.63	a	A
2.5	99.50	248.75	16.03	3.52	129.13	ab	A
3.0	89.75	267.75	16.00	3.51	134.50	b	A
3.5	79.00	276.50	15.80	3.51	136.75	b	A

注:供试品种为沪油 15

（2）密度与主花序和分枝的关系 油菜个体与群体的矛盾,从产量上最终体现在角果数和角粒数上,同时就密度而言也是主花序和分枝花序的矛盾。一般密度高,单位面积总花序多,单株分枝数相对就少。直播油菜一般种植密度较高,如何协调主花序与一次分枝这一对矛盾,达到一个相对的统一,是直播油菜争取单位面积产量的关键之一。据江苏省太湖地区农业科学院姚月明等（2000）研究,主轴角果数随密度的增加所占比例增大。即由 11.56% 增加到 42.3%;一次分枝角果数则随密度的增加所占比例下降,也就是由 88.44% 减少到 57.7%（见表 9）。栽培上,只有让个体有一定的生长空间,同时使群体得以充分发展,才能获得较高的单位面积产量。

表 9 直播油菜不同密度的主轴、分枝角果数及其所占比例

密 度 (万株/667 米²)	单株角果数	主轴角果数 个	%	一次分枝角果数 个	%
1.0	150.47	17.40	11.56	133.07	88.44
2.0	84.03	16.50	19.63	67.53	80.37

密　度 （万株/667 米²）	单株角果数 （个）	主轴角果数		一次分枝角果数	
		个	%	个	%
3.0	63.31	15.57	24.59	47.74	75.41
4.0	54.92	16.67	30.35	38.25	69.65
5.0	53.80	18.50	34.39	35.20	65.61
6.0	42.79	18.10	42.30	24.69	57.70

　　不同密度对分枝生长发育的影响还表现在不同部位枝序的结实粒数上。据江苏省太湖地区农业科学院姚月明等(2000)研究,油菜各枝序的分枝结实数随密度的提高而减少,当密度较低时(本试验为 1 万株),结实粒数最多的分枝粒数可达 493.89 粒;当密度较高时(本试验为 6 万株),结实粒数最少的分枝每角仅 56.57 粒。若以一个分枝结实粒数达 200粒以上作为衡量优势分枝的设定标准,则优势分枝随密度的增加而减少。如密度 1 万株时,优势分枝多达 5 个;当密度高达 5 万株及以上时,则无优势分枝(见表 10)。可见,要提高油菜分枝结实数量,适宜的密度范围是提高分枝结实数量的重要调控技术。

表 10　主轴和一次分枝不同枝序结实粒数　（单位:粒）

密　度 （万株/667 米²）	主　轴	倒 1	倒 2	倒 3	倒 4	倒 5	倒 6
1.0	250.30	159.78	258.16	350.78	493.89	451.29	411.48
2.0	258.08	152.27	325.83	344.76	259.76	—	—
3.0	235.88	126.44	178.46	189.64	—	—	—

密　度 （万株/667 米²）	主　轴	倒1	倒2	倒3	倒4	倒5	倒6
4.0	221.10	114.54	165.48				
5.0	220.55	103.45	159.47				
6.0	184.73	56.57	139.42				

2. 间苗、定苗的适宜时期

直播油菜播种量大，密度较高，不及时间苗、定苗，往往因密度过高，幼苗互相拥挤，争夺养分，产生细、弱、瘦苗。但如定苗过早，因营养体小，遇寒流袭击时又易因死苗造成苗数不足，影响产量。因此，直播油菜及时间苗、适时定苗尤为重要。一般在齐苗后即应进行第一次间苗，2叶期第二次间苗。针对直播油菜冻害较重的特点，定苗应适当推迟，最好在4片真叶后适时定苗。间苗、定苗应把握删密留稀、去病留健、弃小留大的原则，拔除弱苗、病苗和杂株，选留无病壮苗、大苗。同时要及时做好查苗补苗工作。

（五）直播油菜杂草防治技术

1. 化学除草的意义和主要草相

（1）化学除草的意义　　直播油菜因直接在稻田中播种，田块未经耕翻或耕翻很浅，土壤湿度大，草籽入土浅，而且杂草种子的发芽率和成苗率很高，与直播油菜又处于同步生长状况，往往会出现争水、争肥、争光而严重影响直播油菜的正常生长发育,这是造成直播油菜产量下降的关键因素之一。化学除草剂由于具有效果好、见效快、省工、省时、省力、经济效益高等优点,随着现代农业的发展和直播油菜的推广,已成为直播油菜高产栽培技术体系中的一个十分重要的组成部分。

(2)主要草相　多年来随着油菜生产上化学除草剂的广泛推广应用,草害的发生发展得到了一定的控制。但由于生产中大多使用的是防治单子叶杂草的绿麦隆、精稳杀得和高效盖草能等除草剂,油菜田杂草草相发生了较大的变化,由单子叶杂草占据优势种群变为单子叶杂草与阔叶草混生的局面。免耕栽培的大面积推广,也加重这一现象的发生和发展。据宁国云等 2001 年报道,浙北丘陵地区直播油菜杂草发生,1986年调查时以看麦娘为绝对优势种群,雀舌草、野老鹳草为次优势生长种群,由于长期使用精稳杀得和高效盖草能等除草剂,看麦娘已不再是油菜田的绝对优势种群,雀舌草、牛繁缕、碎米荠、辣蓼、猪殃殃等阔叶杂草及恶性杂草的危害大幅度上升。另据上海市植保部门 2000～2001 年度调查,直播油菜田杂草危害以日本看麦娘、牛繁缕、早熟禾、大巢菜、棒头草、猪殃殃、雀舌草和看麦娘为主,分别占总草量的 25%、20%,15%、15%、5%、5%、4%和 4%,其他禾本科杂草和双子叶杂草分别占 5%和 2%。由于禾本科杂草较易杀灭,牛繁缕、大巢菜和猪殃殃等阔叶杂草及恶性杂草已成为直播油菜田间对产量构成威胁最大的草害。

(3)杂草出草时间和数量　直播油菜田间杂草的出生一般在油菜播种后的半个月内,主要集中在 11～12 月份。据宁国云等(2001)调查,浙北丘陵地区直播油菜田在播种后 15 天左右开始出草,杂草的主要出草期在 11 月初至 12 月下旬这2 个月内,出草高峰在 11 月中旬(油菜播后 30～50 天),占总草量的 75.16%。至翌年 1 月杂草基本出齐。从叶龄上看,在单子叶杂草中,恶性杂草比看麦娘出草时间迟。双子叶杂草比单子叶杂草出草时间迟 7 天左右,且在 12 月中旬有 1 个小的生长高峰。从杂草高度和鲜重的增加情况分析,杂草生长速度有 2 个峰,第一峰在 11 月中旬至 12 月底,第二峰在 3 月至 4 月上旬。另据上海市植保部门 2000~2001 年度调查,直播油菜播种时,禾本科杂草即开始出生,播种后 7 天,双子叶杂草开始出生。不论是单子叶杂草还是双子叶杂草发生高峰都在 11 月份,出草量占总草量的 49.4%,11 月底至 12 月底还有大量杂草出土,出草量占总草量的 27.5%,从翌年 1 月份开始,随着温度的降低,出草量明显减少,至 3 月底出草量仅占总草量的 23.1%(见图 1)。

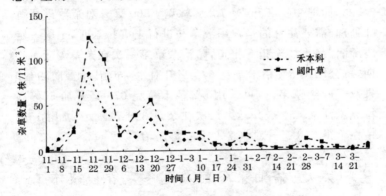

图 1　上海郊区直播油菜田出草量、出草高峰

2. 化学除草剂的种类和使用技术

直播油菜由于播种后与杂草生长同步,因此对直播油菜的生长构成极大的威胁。尤其是双子叶杂草的大量滋生,更使直播油菜田间的除草难度增加。生产中针对田间杂草的发生规律及草情草相,采取相对应的除草技术。尤其是在阔叶草和恶性杂草危害严重的地区,应选用有针对性的高效除草剂品种。上海市植保部门 2000～2001 年度药剂筛选试验结果表明,根据直播油菜杂草出草高峰、草相、腾茬时间,在化除方案上采用"一封一杀"方法。腾茬早的田块,如油菜采用机械直播,播前田间已有一部分杂草出生,可在播前 3 天每公顷用 10%草甘膦 7 500～9 000 毫升或 20%克芜踪 1 500 毫升做茎叶喷雾;腾茬晚的田块,播后苗前每公顷用 50%敌草胺 1 500克进行封杀。当直播油菜秧苗长至 5～6 叶时,根据田间草相,如以单子叶杂草为主,每公顷用 10.8%的高效盖草能 450 毫升或用 10%的精禾草克 750 毫升;如以双子叶杂草为主,每公顷用 50%的高特克 600 毫升;如单双子叶混生,每公顷用 21.2%仙耙 900 毫升或 17.5%林克 1 500 毫升对杂草进行茎叶处理。需要注意的是在用敌草胺进行土壤封杀时,土壤一定要湿润。另据姚全甫等报道,防治杂草第一次在杂草 1 叶 1 心期,每公顷用 5%精禾草克 675 毫升对水 750 升喷雾防治(如果双子叶杂草多,也可选用 5%精禾草克 675 毫升加 50%高特克悬浮液 450 毫升),第二次在杂草 3 叶期,每公顷用 15%精稳杀得 750 毫升对水 750 升喷雾防治。

(六)直播油菜冬前及越冬期管理技术

1. 直播油菜冬前及越冬期的生长特点

(1)冬前有效生长期短,营养体小　直播油菜由于播种较迟,冬前有效生长期短,播种后气温相对较低,难以争取较多的临冬绿叶数,所以营养体较小,从而也就限制了春后的有效分枝数。据上海市农业技术推广服务中心对 1999～2002 年 3 年直播油菜的统计资料分析，10 月 25 日前后播种的直播油菜，至小寒节气叶龄仅 6.91 天，绿叶数 5.35 片，叶面积 213.29 平方厘米，根颈粗 0.47 厘米。与 9 月 25 日前后正常播种的移植油菜相比，叶龄减少 4.99 天，绿叶减少 1.52 片，叶面积减少 267.82 平方厘米，根颈粗减少 0.27 厘米。越冬期间生长与移植油菜相同，随着温度的下降，地上部生长缓慢，植株生长活动的中心是根系。

(2)越冬阶段遇低温，易出现冻害　直播油菜在越冬或早春遭受寒流侵袭，常常会发生冻害，由于其苗体小，冬前根系不发达，地上部生长幼嫩，冻害往往比移植油菜严重。尤其是前茬水稻采用机械收割、秸秆全量或部分还田的田块，由于稻草覆盖较厚，油菜出土后一直生长于一个相对较为温暖的环境之中，虽具有幼苗生长快，能够缓解季节矛盾的优点，但因未经历炼苗过程，长势旺，苗体幼嫩，抗逆性较弱，遇寒流袭击冻害严重，会因叶片细胞内及细胞间隙内结冰，细胞失水，而导致叶片僵化，严重的甚至会出现因失水而全叶萎蔫，导致死苗。据 2002 年 1 月初上海市奉贤区对移植油菜和直播油菜冻害调查结果表明，在 2001 年 12 月 22～30 日，连续 9 天最低气温在 -2℃ 以下，其中 23 日最低气温为 -3.9℃，日平均温度在 -0.5℃～2.9℃ 的条件下，直播油菜冻害发生远高于移植油菜，其中播种迟的冻害发生远高于播种早的；直播油菜冻害率发生率在 80% 以上，冻害指数在 22.5 以上，死苗率在 3% 以上，冻害最重的田块，死苗率达 18%。在调查田块中，冻害严重的点片，冻害率达到 100%，冻害指数达 87.7，死苗率达 75.6%，造成局部缺苗断垄(见表 11)。由此可见，预防冻害的一项十分重要的技术措施是早播种。早播可充分利用冬前的有效积温,力争大壮苗越冬。

表 11　不同种植方式油菜调查结果

种植方式	播种时间（月/日）	绿叶（张）	冻害率（%）	冻害指数	死苗率（%）	备　注
移　栽	9/25	6.5	38	13.0	3.0	稻茬移植
直　播	10/15	6.0	80	22.5	3.0	棉花直播
直　播	10/27	5.0	92	39.0	9.5	稻茬直播
直　播	11/5	3.5	98	61.0	18.0	稻茬直播

2. 冬前及越冬管理的主要内容

(1)施足基肥,追施苗肥　肥料是作物产量得以提高的最基本的物质要素,直播油菜同样也不例外。一般稻后直播油菜在播种时,每公顷施腐熟猪粪 15 000 千克或复合肥 750 千克;稻田套播的直播油菜,在水稻收割后即施用。由于双低油菜对硼肥较为敏感,还应施硼砂 4.5 千克。没有条件施用农家肥或复合肥的地区,可施用一些速效化肥,但一定要做到磷、钾、硼肥配合施用。多年试验研究和生产实践表明,磷是油菜苗期的必需元素,在 2 叶期前施用磷肥利用率和增产效果最佳。据 2000 年秋上海市金山区亭林镇氮、磷、钾肥 2 次通用旋转组合试验教学模型分析,每 667 平方米施氮肥折纯氮 16 千克可以获得高产,高于或低于这一水平时,产量呈抛物线下降;在每 667 平方米施一定水平氮、钾肥的情况下,产量随磷肥施用量的增加而提高,但当每 667 平方米过磷酸钙施用到 40 千克及以上时,增产趋势不显著;在每 667 平方米施一定水平氮、磷肥的情况下,产量随钾肥施用量的增加而递增。氮、磷、钾肥都有显著的促进增产作用,其效应顺序为氮肥＞磷肥

＞钾肥(见图2)。氮肥与磷、钾肥,磷肥互作均为正值,说明施用氮肥的同时还必须增施磷、钾肥才能促进油菜增产。试验分析还表明,氮、磷、钾肥的配比为 1∶0.33∶0.39 可获得高产。

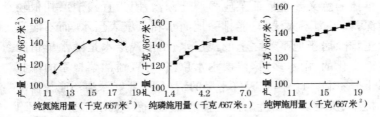

图 2　施肥水平与产量的关系

直播油菜追肥,一般在齐苗后追施 1～2 次薄粪水;在 3 叶期追施 1 次壮苗肥。这是因为直播油菜受前茬成熟期限制,播种较迟,应充分抓住 5 叶期前的较高气温,促使油菜在氮素代谢的旺盛期,吸收较多的氮素,加快细胞的增生速度和出叶速度,使光合面积迅速扩大,开叶发棵,保证油菜在冬季来临时具有一定营养体,为翌年开春后的营养生长和生殖生长奠定基础。追肥数量可根据油菜品种春性的强弱,以及长势强弱来定,一般每公顷追施苗肥为尿素 75～112.5 千克。春性强的品种和长势弱的油菜宜适当多施;反之,春性弱的品种和长势好的油菜应适当少施。

(2)配套沟系,适时清理　直播油菜前茬以水稻田为主,土壤潮湿黏重,而且秋冬交替季节雨水多,对于喜湿润但不耐渍水的油菜,尤其是播种迟、苗体小的直播油菜,受到影响较大。据测定,当土壤含水量在 16%～22% 时油菜生长正常;大于 25%,持续时间超过 5 天,对油菜生长不利;土壤含水量达35%,持续时间 8～15 天,烂根率达 37%～40%,死苗率达

30%～33%；超过 42%，持续时间 10 天左右，烂根株率和死苗株率均在 90%以上。由此可见，土壤含水量越高，持续时间越长，烂根死苗率也就越高。对于直播油菜来说，也就失去了早播的意义。直播油菜应强调开深沟，因为直播油菜扎根较深，如果沟系太浅，只能排除地面水和土壤表层水，而不能真正排除居于地下水之上的浅层水，由于浅层水是随水旱情况而变化的，雨水多时，浅层水水位高，对直播油菜根系的深扎十分不利。此外，在天气干旱的情况下，开好深沟还能为沟灌抗旱、快灌快排创造条件。直播油菜一般要求隔 2～3 畦开 1条畦沟，沟深 30 厘米左右；田块当中开当家沟，沟深 40 厘米左右。机械播种的直播油菜，在播种时每畦的畦沟虽已由机械直接开好，但由于机械作业时需在田头田尾转向调头，所以畦头畦尾与外围沟的连接处还应采用人工开通开好。同时，为防止沟系坍塌等原因造成的沟系堵塞，还应做好沟系的清理工作，确保沟系畅通。

（3）化学调控，培育壮苗　多效唑和烯效唑是广谱性的植物生长调节剂，对多种作物具有控制纵向生长、促进横向生长的效应。据上海市农业技术推广服务中心 1998 年秋在奉贤区庄行镇、金山区亭西农场和青浦区莲盛镇的试验结果表明，油菜在 3～4 叶期使用多效唑或烯效唑具有十分显著的矮化株型、增叶壮根作用。具体表现为：叶色转深，叶缘增厚，绿叶和叶面积增加，根颈增粗，叶间距缩短，抗逆性增强（见表 12）。这项技术措施对于直播双低油菜来说尤为重要。因为，直播双低油菜，尤其是前茬水稻秸秆全量或部分还田的直播油菜，播种出苗后在较高温度条件下，生长较非双低油菜快，组织幼嫩，遇寒流袭击冻害较重。因此，对于前茬水稻为全量或部分秸秆还田的田块，使用多效唑或烯效唑培育壮苗，增强抗逆能力,是一项必不可缺的关键技术。多效唑和烯效唑的使用方法是:12月中旬,直播油菜达到4叶时,每公顷用15%多效唑可湿性粉剂750克,对水750升,叶面喷雾,也可用5%烯效唑可湿性粉剂162克,对水750升,叶面喷雾。

表12 油菜使用生长调节剂试验秧苗素质

地 点	处 理	苗 高 (厘米)	绿 叶 (片)	叶面积 (厘米²)	叶间距 (厘米)	根颈粗 (厘米)
	多效唑	15.8	5.8	335	0.4	0.67
奉 贤	烯效唑	16.3	6.4	364	0.5	0.56
	对 照	18.1	4.0	197	1.6	0.33
	多效唑	16.0	4.1	190	1.4	0.48
金 山	烯效唑	18.9	4.3	222	1.4	0.45
	对 照	22.7	3.9	187	2.4	0.45
	多效唑	14.0	4.8	206	1.7	0.41
青 浦	烯效唑	16.8	5.2	352	3.0	0.59
	对 照	18.2	4.5	280	3.6	0.40

此外,由于双低油菜硫苷含量低,适口性佳,易遭受虫害。所以,直播油菜,尤其是播种较早的直播油菜,往往蚜虫危害较重,应做好蚜虫防治工作。

(七)直播油菜春后施肥及管理技术

1. 直播油菜春季和春后的生长特点

(1)直播油菜春季的生长特点 直播油菜进入春发阶段

后,与移植油菜一样,植株营养生长加速,并由开春前的营养生长为主,转入蕾薹期的营养生长与生殖生长并进,至开花期的生殖生长占据优势,一直到终花期的营养生长基本停止。虽增长迅猛,但受其越冬营养体的限制,个体仍然偏小。而且,蕾薹期和花期都较移植油菜短。据上海市农业技术推广服务中心对 2000~2002 年度两茬沪油 15 苗情资料统计分析,立春至惊蛰移植油菜绿叶增长 1.54 倍,叶面积增长 1.66 倍,同阶段直播油菜绿叶增长 1.86 倍,叶面积增长 1.85 倍。据惊蛰节气考察,两茬平均直播油菜叶龄 16.95 天,绿叶 12.74 张,叶面积 682.3 平方厘米,根颈粗 0.92 厘米,分别比移植油菜叶龄减少 4.56 天,绿叶减少 2.45 片,叶面积减少 828.2 平方厘米,根颈粗减少 0.59 厘米。蕾薹期平均 31 天,比移植油菜少5 天;花期 24 天,比移植油菜少 4 天。

(2)直播油菜结角层结构　直播油菜盛花期以后,根系活力同样会逐渐下降,叶片的光合优势也逐渐被日益增大增厚的角果层所取代。据傅寿仲等(1980)研究表明,油菜籽产量的 40% 来自于结角层角壳的光合作用。因此,角果层的大小、厚薄等直接影响到油菜的籽粒产量。据陈留根等(2002)研究分析,直播油菜的结角层厚度可达 80~100 厘米,但角果主要集中分布在中上部的 40 厘米范围内;大角果的经济性状好于小角果;随着结角层的下移,无籽角果增加,有籽角果减少,角果经济性状变差(见表13,表14)。在高产栽培上,应通过栽培措施改善结角层受光条件,使结角层中上部形成大角果。

表 13　直播油菜不同类型角果在结角层中的分布

品　种	结角层 (厘米)	不同类型角果在同一结角层中所占比例(%)					
		无籽角果 (个)	较小角果 (<3厘米)	小角果 (3~4厘米)	中角果 (4~5厘米)	大角果 (5~6厘米)	较大角果 (>6厘米)
Hyola308	0~20	3.67	2.36	11.52	40.31	40.84	1.31
	20~40	5.54	2.10	10.94	40.18	40.67	0.56
	40~60	14.57	1.57	7.62	34.45	41.03	0.75
	60~80	28.23	1.44	1.44	15.79	52.63	0.48
PF	0~20	8.01	12.46	39.15	39.68	0.71	0
	20~40	11.15	10.26	31.73	44.70	2.12	0.06
	40~60	10.52	8.05	35.13	42.36	3.94	0
	60~80	27.16	5.36	30.36	35.94	1.12	0.07
	80~100	31.85	4.78	23.25	38.85	1.27	0

表 14　直播油菜不同类型角果在不同结角层中的经济性状

角果种类	结角层 (厘米)	Hyola308				PF			
		角果长度 (厘米)	角果宽度 (厘米)	籽粒数量 (粒)	千粒重 (克)	角果长度 (厘米)	角果宽度 (厘米)	籽粒数量 (粒)	千粒重 (克)
较小角果	0~20	2.56	3.00	3.33	3.10	2.25	2.93	5.54	3.09
	20~40	2.54	2.77	4.13	3.10	1.89	2.63	4.22	2.97
	40~60	2.49	2.67	3.33	2.72	2.37	3.05	3.75	3.07
	60~80	2.23	2.67	3.33	2.60	2.35	2.39	3.84	2.93
	80~100					2.72	2.60	3.60	2.04

角果种类	结角层 (厘米)	Hyola308				PF			
		角果长度 (厘米)	角果宽度 (厘米)	籽粒数量 (粒)	千粒重 (克)	角果长度 (厘米)	角果宽度 (厘米)	籽粒数量 (粒)	千粒重 (克)
小角果	0~20	3.51	3.74	9.72	3.41	3.53	3.82	12.07	3.13
	20~40	3.63	3.85	9.58	3.49	3.57	4.09	12.92	3.20
	40~60	3.56	3.67	7.81	3.43	3.26	3.05	10.67	2.98
	60~80	3.26	3.67	6.33	3.26	3.22	2.89	10.58	2.73
	80~100					3.13	2.66	8.51	2.75
中角果	0~20	4.53	4.31	16.10	3.92	4.12	3.69	18.34	3.18
	20~40	4.67	4.45	15.16	3.99	4.29	3.96	18.91	3.27
	40~60	4.36	3.79	14.16	3.48	4.07	3.76	18.06	3.11
	60~80	4.31	3.77	11.21	3.45	4.03	3.54	17.70	2.91
	80~100					4.05	3.42	17.25	2.74
大角果	0~20	5.46	4.93	20.80	4.10	5.10	4	21.00	3.69
	20~40	5.32	4.66	20.69	4.12	5.37	4.39	20.51	3.88
	40~60	5.19	4.45	20.50	3.66	5.12	4.16	20.10	3.73
	60~80	5.01	4.15	17.03	3.53	5.23	4.00	18.80	3.51
	80~100					5.10	4.00	17.50	3.14
较大角果	0~20	3.38	4.40	30.20	4.17	0	0	0	0
	20~40	6.26	4.75	28.88	4.28	6.20	5.00	27.00	3.89
	40~60	6.20	4.50	28.50	3.75	0	0	0	0
	60~80	6.10	5.00	27.00	3.70	6.30	5.00	27.00	3.59
	80~100					0	0	0	0

2. 直播油菜春发阶段的主要管理内容

(1)早施薹肥 双低油菜春性较强,春发期间易出现营养生长过旺,影响油菜产量的提高。此外,薹茎抽生过高,也不利于机械收割。薹肥蕾施可以促使春发势较强的双低油菜品种在薹茎的伸长期和充实期间短柄叶能合成较多的碳水化合物,而不使薹茎过分伸长,从而有效地控制油菜的无限生长,适应机械收割对油菜个体生长的要求。同时,薹肥蕾施使直播油菜在薹期分枝抽出时即能获得充足的养分,并为直播油菜在一生中的第二个营养积累高峰积累有效养分奠定了基础。因此,能促进一次有效分枝和大中角果的形成,以及单株有效角果数的增加(经成对数据统计分析,单株有效角果数的差异达极显著水平),保证直播油菜有一个较为合理的个体和群体生长环境,为夺取油菜高产奠定基础。据上海市农业技术推广服务中心1999～2000年度在上海市郊设立的薹肥蕾施试验表明,薹肥提前到蕾期施用,株高下降2.63厘米,茎粗增加0.1厘米,分枝增加0.29个,单株有效角果数增加7.46个,千粒重提高了0.06克,每667平方米实收产量163.19千克,增产5.09%。薹肥施用量一般为尿素每公顷150千克左右(见表15)。

表15 直播油菜薹肥蕾施试验产量性状表

处 理	收获密度 (株/ 667米²)	株高 (厘米)	茎粗 (厘米)	分枝 (个)	单株有 效角数 (个)	667米² 角数 (个)	每角 粒数 (粒)	千粒 重 (克)	理论 产量 (千克/ 667米²)	实收 产量 (千克/ 667米²)
蕾 施	23151	135.66	1.35	4.41	119.94	233.02	17.85	3.76	186.36	163.19
薹 施	23544	138.29	1.25	4.12	112.48	217.07	17.80	3.70	174.41	155.28

（2）清沟排渍　土壤水分过多，对直播油菜机体的各器官都会造成损害，尤其不利于根系的生长和保持根系的活力。春季雨水多的年份，有的会导致水控不长，油菜僵、老、红、瘦，春季不发；有的则会造成水发疯长，因营养生长过旺，影响生殖生长。同时，直播油菜由于密度较高，遇多雨年份，田间湿度过高，易造成菌核病的发生。所以，春季防涝渍是确保直播油菜春发稳长、保持根系活力、控制菌核病发生、不早衰的重要条件。防涝渍的主要措施是，经常清理田内外沟系，保持沟系畅通无阻，防止雨后田间积水。

（3）适时收获　目前，直播油菜的收获方式已由单一的人工收获，发展到部分地区开展小型机械收获的尝试。据岑竹青（2002）撰文，常见的有两种机械收获方式。一是分段收获，先由人工或割晒机切割铺放，利用作物后熟机理晾晒后再用联合收获机捡拾、输送、脱粒、秸秆还田。二是联合收获，利用国产的背负式或自走式稻麦联合收割机，稍加结构改进和调整，在油菜可收获时，直接在田间进行联合收获、秸秆还田作业。如上海市农业机械研究所和上海市农工商集团向明总公司2002年联合研制生产的 4LZ(Y)-1.5A 型履带式联合收割机，就是一种以收获油菜为主，兼收水稻、小麦的多功能联合收割机。据上海市农机具产品质量检测站 2002 年 5 月 24 日在上海市金山区兴塔镇洋泾农场对沪油 15 油菜进行现场机械收割测试，田间油菜条件为：籽粒含水率 22%，茎秆含水率 66%，植株自然高度 137 厘米，草谷比 3.4，植株轻度倒伏，成熟度九成左右，最终收获产量为每公顷 2 260.5 千克。收割机在前进速度 0.83 米/秒，割幅 1.9 米，喂入量 1.5 千克/秒，割茬高度 32 厘米时，测得的总损失率为 7.78%，其中割台损失率为 1.28%，脱粒机体损失率为 2.6%，清选损失率为

3.9％,破损率为0;油菜籽含杂率为0.9％;机具的工效为0.47公顷/小时,耗油量为10千克/公顷。另据江苏省苏州市经济作物技术指导站吴玉珍等(2001)报道,苏州市在桂林-3号联合收割机基础上改装的4LU2.5B油菜收割机,平均总损失率为9.07％,其中1/3为割台损失,与人工收获相仿,籽粒清洁度大于70％,基本无破碎粒,所含杂质大多为油菜荚壳,日晒2天,人工略加清扬即可入库,实际作业效率每小时0.13～0.27公顷,日工效1.22公顷。人工收获和机械分段收获的油菜要求全田80％角果呈枇杷黄色、主轴大部分角果籽粒呈黑褐色时收割;采用机械联合收获的油菜,由于收获时直接脱粒,为防止脱粒不净造成浪费,应适当推迟收割,一般要求全田85％以上的角果呈枇杷黄色、主轴角果籽粒呈黑褐色时收割。油菜收割的时间还应取决于油菜品种角果的开裂性状,沪油12等角果不易开裂的品种可在90％的角果呈枇杷黄色时收获,而且这类品种由于人工脱粒难度较大,采用机械收获则可变被动为主动,大大降低割台损失率,因此较适于机械收割;沪油15等角果较易开裂的品种,则应适当提前至85％的角果呈枇杷黄色时收割。

八、双低春油菜栽培技术

（一）我国春油菜主产区的气候特点

我国是世界上春油菜类型最丰富而产区气候差异最大的国家。春油菜的分布极为广泛,比较集中分布在高海拔与高纬度地区。

高海拔油菜区主要包括青藏高原、新疆天山南北两麓、内蒙古阴山山区、大小兴安岭,油菜主要分布于海拔 2 000～3 500 米地区。气候特点是高寒干燥,或有阶段性的湿润季节;年平均气温低,活动积温少,昼夜温差大;冬季寒冷,春温回升早,但升温缓慢;夏季无酷暑,日照时间长,空气透明度大,太阳辐射强。大部分地区冬季最冷月平均气温在－10℃以下,夏季最热月平均气温不超过 20℃,年日照时数在 2 500 小时以上,4～9 月的日照百分率在 50% 以上;年降水量在 250～500 毫米之间,4～9 月的降水量占全年降水量的 60% 以上。年蒸发量大于年降水量的 2 倍以上,构成冷凉干燥的气候环境,雨热同季,对春油菜的生长发育和油分累积非常有利,是我国春油菜稳产高产地区,也是我国双低油菜的重要发展基地。我国历年油菜每 667 平方米产量在 300 千克以上的高产典型,主要都出现在这类产区的灌溉地上。

高纬度油菜区主要包括新疆北部、内蒙古东北部和黑龙江省等北纬 45°以北的春油菜产区。气候特点是冬季漫长和严寒,春季风大雨少,气温回升迟但升温快,夏季温暖期短促,秋季冷空气活动频繁,降温较快,寒潮来得早,易发生早霜危害;年平均气温在-5℃以下,最暖月平均气温不超过25℃,年有效积温1 300℃~2 300℃,年降水量350~600毫米,主要集中在6~8月份的3个月;年日照数2 400~3 200小时;夏季温度高,雨量多,日照长,极有利于春油菜生长。可以作为发展优质春油菜的新基地。目前,在东北主要种植早中熟的甘蓝型和白菜型春性品种,新疆主要种植早熟的芥菜型和白菜型春性品种。

(二)我国春油菜的主要生育特点

我国春油菜的主要生育特点,首先,表现在生育期显著缩短,如甘蓝型冬油菜生育期一般在200~240天,春油菜甘蓝型品种生育期仅110~125天。其次,春油菜种子萌发对温度要求较冬油菜低。冬油菜播种时气温和地温均在12℃以上。春油菜地区一般地温达到4℃以上,土壤相对含水量超过56%时,种子便吸水开始萌动发芽。在长期的自然选择下,产生一批能在3℃左右萌动发芽的品种。第三,是春油菜幼苗期显著缩短。冬油菜苗期可达100~120天,春油菜苗期仅13~40天。第四,是春油菜现蕾开花期,都是处在一年中气温最高的季节,也是降水较多的季节,对植株营养器官生长和开花都十分有利。这时油菜生长速度最快,吸收水分养分也最多。春油菜高产要特别重视壮苗和蕾花期追肥。第五,春油菜角果发育阶段,处在秋高气爽、气温逐渐下降的相对低温条件下,一般水分充足,日照充足,昼夜温差大,角果发育期相对较长,发育比较充分,有利于油脂的形成和积累。一般千粒重较大,种子含油量较高。另外,冬油菜地区的有关科研院所,也相继育成了许多双低冬油菜新品种,如青海省农林科学研究院育成的青杂系统双低油菜新品种,青海省互助县育成的互丰010,都是非常优质高产的春油菜双低新品种,推广面积很大。甘肃省与内蒙古自治区农业科学研究院,也有双低春油菜新品种育成,为该地区发展双低油菜提供了充分的保证。相信这些地区将成为我国种植双低油菜最佳基地,并为我国双低油菜将打入国际市场提供最优质的菜籽油。

(三)双低春油菜的栽培技术

1. 建立隔离区

优质春油菜生产同样需要建立隔离区,可采取自然屏障隔离,和不同作物(如小麦)隔离,如用不同作物隔离,则隔离距离应适当加大。

2. 选择适合春油菜生态区的品种

品种的基本要求是春性强、生命期短、全生育期所需积温较少,耐寒性强,丰产性好,品质合格。

3. 确定有利的播种时间

有利播期的确定既要能满足油菜本性的要求,又能避免不利因素的干扰。我国春油菜主产区一般油菜品种的生育期都长于当地绝对无霜期,人们根据油菜苗期耐冻性强和苗期需要相对低温条件的特性,在实践中多提倡早播,甚至采取顶凌播种的措施。早播可充分利用4月下旬和5月份的气温,延长营养期和开花期,植株发育充分,增加干物质积累,促进开花以后的稳健生长,而且早播墒情足,病虫危害少,达到苗全苗壮,后期枝条多、果多。在西藏、青海的高寒山区,必须将油菜一生需要高温的开花期安排在当地温度最高的 7 月份,才能正常通过开花阶段,既可满足花期对高温的要求,又能使苗期和角果发育阶段在比较稳定的较低温条件下度过,使苗期的营养生长与角果发育期的物质积累和转化都能充分进行。

4. 确定合理的种植密度

春油菜区与冬油菜区相比,气温较低,湿度较小,日照较长较强,油菜田间生长过程较短,因此种植密度应高些。近年来,春油菜区对甘蓝型油菜高产田块种植密度的研究,凡 667 平方米产 250 千克以上田块,每 667 平方米株数在 1 万~3 万之间,最高产量多出现在 1.5 万株左右的田块。青海省香日德农场在柴达木盆地进行密度试验,以甘蓝型双低品种 Regent 为材料,在每 667 平方米栽 7 000,10 000,13 000,16 000 株四种密度中,每 667 平方米产量均可达到 250 千克以上水平,而以 1.3 万株的产量最高。新疆农业科学院对甘蓝型油菜低芥品种奥罗试验结果:在每 667 平方米 1 万~3 万株不同等级密度下,密度在 1.6 万株以下时,密度与产量呈高度正相关;密度在 1.6 万~2.1 万株时,密度与产量呈低度正相关;密度在 2.1 万~3 万株时,密度与产量出现负相关。

5. 巧施种肥

春油菜生育期短,虽然苗期阶段在施有大量有机肥土壤上度过,但由于早春低温下土壤微生物活动微弱,养分分解慢,幼苗不能及时得到必要的养分,出苗初期常处于饥饿状态,生长缓慢。因此必需施用种肥来保证幼苗阶段的速效养分供应,这是获得壮苗的一个关键措施。一般每 667 平方米施过磷酸钙 15 千克,尿素 15 千克,播前与适量的有机肥混合做成粒肥,随种播下,如用氮、磷、钾复合肥效果更好。使用中注意尽量减少过磷酸钙、尿素等易溶化肥与种子接触,以免伤害种子。如单独使用尿素做种肥,每 667 平方米用量应在 2.5 千克以上,否则将明显降低出苗率。

6. 防治虫害

春油菜苗期害虫主要是黄条跳甲虫,大都在苗期干旱情况下发生,咬食幼苗子叶及生长点,以出苗期与子叶期危害最盛。

除黄条跳甲外,危害幼苗的害虫还有茎象甲,主要危害嫩薹、伤害主序及分枝的生长点,造成主茎内空、破,或主序干枯,刺激腋芽发生,延迟成熟。黄条跳甲的防治是在幼苗顶土出苗期用 1 000 倍敌百虫液喷雾。防治茎象甲用呋喃丹颗粒剂或甲拌磷(3911),随种子播入土壤,使药剂通过根系进入幼苗体内,对茎象甲和黄条跳甲都有防治效果。

7. 适时收获

我国春油菜区气候在油菜成熟季节多变,灾害性天气频繁,必须在收获适期范围内择时收获。目前,东北、西北各大型机械化农场采用分解割晒和联合收割机两种收获方法,节省时间和劳力,效率高,但落粒严重且破碎粒高,有待进一步解决。双低油菜特别要防止收获过程中易造成的机械混杂。

九、双低油菜优质高产的其他栽培措施

（一）种衣剂的应用

种子包衣技术近年来逐渐被大面积应用。油菜种子包衣后播种，通过其配套技术，可促进双低油菜增产。

油菜使用包衣剂后，前期可促进生育，后期可改善双低油菜的产量构成，提高产量。种衣剂带肥带药，种子经包衣后，发芽率高，发芽势强，出苗后生长势旺，秧苗素质好。据上海市嘉定区农业技术推广服务中心试验研究，叶龄可增加 0.45 张，单株绿叶增加 0.5 张，叶面积增加 42 平方厘米，根颈粗增加 0.05 厘米，地上部分鲜重增加 80.4 克，地下部分鲜重增加 2.5 克，地上部分干重增加 6.21 克，地下部分干重增加 0.27 克。在相同栽培条件下，种子包衣在处理比不包衣处理单株角果数增加 1.4 个，每角粒数增加 1.29 粒，千粒重增加 0.03 克，产量增加 16.58%。

据江苏省姜堰市农业局试验，双低油菜种子经包衣剂包衣播种后，还具有明显的防虫防病作用。如用北京农大的 25% 2 号油菜种衣剂，对地下害虫的相对防效达 34.9%。对蚜虫的防效持续期可达 45 天，在有效范围内，株防效可达 22.4%～47.8%，百株蚜量相对防效 11.9%～42.2%。对菌核病的防效，3 年试验，发病率降低 40.2%，相对防效达 22.2%，病情指数为 15.3。对病毒病的防效，发病率为 7.2%，相对防效 15.8%。

经试验研究,双低油菜种衣剂以北京农大研制的 25％2号油菜种衣剂为好。

(二)硼肥的施用

双低油菜对硼十分敏感,增施硼肥能促进苗期生长,延长开花期,减少阴角率,增加单株有效角数和每角粒数,提高产量。

根据试验,施用硼肥后,苗期主要表现为增加根颈粗,促进根系生长,保证冬壮和春发。同时能增强植株的抗寒性,在1月份最低温度达 $-3℃～4℃$ 的情况下,施硼肥的平均冻害率为 85％ 左右,冻害指数仅 20 左右,可比不施硼肥的减少18％和10％。进入生殖生长时期,施硼肥的可降低分枝高度,降幅可达 10％ 以上,增加一次分枝数,增幅有 11％ 之多,二次分枝数增 6％ 以上。同时,抗倒性也大大增加,一般不发生倒伏。抗病性也强,施用硼肥后,菌核病的发病率一般在 2％,病指 1 左右,比不施硼肥的提高抗菌核病率 20％～25％ 以上。

双低油菜缺硼后,影响最严重的是生殖器官和开花结实,不能形成正常的花器官,表现为花药和花丝萎缩,花粉管形成困难,甚至生殖器官受到严重破坏,花粉粒发育不能正常进行,形成花而不实现象。这是因为硼能促进 D-半乳糖的形成和 L-阿拉伯糖转入花粉管薄膜果胶部分的数量,促进花粉管萌发,有利花粉管的发育。所以施硼能明显提高双低油菜的产量。根据试验和统计,在缺硼土壤中施硼,一般可增产10％～20％;在严重缺硼土壤中施硼,可提高双低油菜产量30％～40％;一般土壤中施用硼肥,可增产 5％～10％。

在油菜上施用硼肥,第一种方法是做基肥施用,即在耕地时施用,每 667 平方米施硼砂 1 千克左右;第二种方法是腊肥春施时施用,每 667 平方米施硼砂 1 千克左右;第三种方法是基肥和腊肥春施每 667 平方米各施硼砂 0.5 千克左右;第四种方法是初花期每 667 平方米喷 1.2％硼砂液 50 升左右;第五种方法是每 667 平方米基施硼砂 1 千克加初花期喷施 1.2％硼砂溶液 50 升。用上述几种方法,均能取得满意效果。

(三)硫肥的施用

油菜是喜硫作物,对硫的需求量很高,需求量仅次于氮、钾,与磷相当。油菜缺硫现象时有报道,缺硫也成为农作物生产的世界性问题之一。我国大部分地区的土壤有缺硫现象发生。据安徽省农业科学院研究,安徽省土壤自南向北都有不同程度的缺硫现象,其中以淮北和皖西最严重,其次是沿江地区;土壤类型中以黄潮土最缺,其次是灰潮土和紫色土,在缺硫土壤中施用硫肥,能显著促进双低油菜的生长发育并提高产量。

双低油菜根系以硫酸根的形式从土壤中吸收硫。硫酸根进入植物体后,一部分被还原,以硫酸基和氢硫基的形式成为半胱氨酸、胱氨酸和甲硫氨酸等含硫氨基酸的成分。含硫氨基酸是几乎所有蛋白质的组成成分。硫也是辅酶 A 等的重要组成部分,而辅酶 A 与脂肪代谢具有密切的关系。双低油菜脂肪代谢最为旺盛,缺硫不仅降低产量,同时含油率和品质都会受到严重影响。

经安徽省农业科学院研究,每 667 平方米将加拿大产的 95％硫肥(细粒状)溶于水,含硫(95％)3 千克用做基肥施用,在成熟期调查,明显提高单株角果数和每角粒数,单株角果数由不施硫肥的 272 个增加至 433 个，增幅达 59.1%，每角粒数由 11.2 粒增加至 14 粒，增幅 25%。产量，增施 95% 硫肥 3 千克后，比不施用硫肥的每 667 平方米增产 14.9%，产投比为 4.94。

硫肥的施用，以用 95% 加拿大硫肥为好，硫黄的作用不及 95% 硫肥，每 667 平方米使用量为 3 千克，作为基肥施用。

（四）硅肥的施用

硅肥的施用在水稻和小麦等禾本科作物上已取得明显的增产作用，在双低油菜上应用，同样具有较明显的促进生长、提高产量的作用。

据上海市崇明县农业技术推广服务中心试验，施用硅肥后，可促进双低油菜的生长发育，苗期生长健壮，绿叶数增加，根颈增粗，顶视直径也比不施的大。据调查，绿叶数增加 1.8%，茎基数增加 4.4%，顶视直径增加 2.17%，腋芽增加 30%。春发后，长势明显得好，红茎比例大，蔓矮而粗，第一分枝部位低，分枝多，结角数增加，阴角率下降，抗倒伏，产量明显提高。

施用硅肥后，茎蔓粗 0.7 厘米，第一分枝矮 12.4 厘米，单株结角数增 6.6 个，隐角数减 18.6 个，千粒重增 0.79 克，每 667 平方米产量增 8.4%。

根据试验，0.25% 可溶性硅肥最有效的用量为每 667 平方米 32.7 千克，以基肥施用为宜，或移植时做封口肥施用。

（五）喷施天缘液肥

叶面喷施营养元素补充作物营养,喷施活性物质调控作物生长和影响养分的吸收与利用,是近代发展较快的施肥技术。在双低油菜上喷施天缘有机生化液肥,同样可取得促进双低油菜生长、提高产量的作用。

1. 苗期喷施

在苗期 2 叶 1 心时喷施天缘有机生化液肥,据上海市农业技术推广服务中心研究,此时双低油菜秧苗刚转入自养阶段,通过叶片就能吸收养分,加快开叶发棵,扩大光合叶面积,制造更多的营养物质,促进秧苗生长。移植时测定,苗高增加2.3 厘米,叶龄增加 0.3 天,绿叶数增加 0.5 片,叶面积增加36 平方厘米,根颈粗增加 0.05 厘米,最终产量增加 5.04%。

2. 抽薹期喷施

双低油菜在抽薹期喷施天缘有机生化液肥,可促进营养物质的积累,壮茎增枝,提高产量构成,从而达到提高产量的作用。据上海市青浦区农业技术中心试验,在抽薹期喷施天缘有机生化液肥根颈粗增加 0.25 厘米,有效分枝降低 2.3 厘米,第一分枝数增加 1.5 个,二次分枝增加 2 个,单株角数增加 34 个,每角颗粒增加 0.6 粒,千粒重增加 0.67 克,隐角率降低 27%,单产增加 31.7 千克。

天缘有机生化液肥由上海灭源生物工程有限公司研制并生产,原肥液中大量元素（$N+P_2O_5+K_2O$）的含量≥10%,硼、锌等微量元素≥2.5%,氨基酸≥10%。幼苗期喷洒,用量每 667 平方米秧田秧苗用量为 50～60 毫升,对水 18 升,抽薹期喷洒。可单独喷用,每 667 平方米 60～80 毫升,对水 18 升喷施。也可与防病治虫结合在一起,添加 0.3％天缘有机生化液肥后喷洒。

(六)绿享天宝(DCPTA)的应用

绿享天宝(DCPTA)是由中国农业大学作物学院研制和生产的,并经农业部肥料质检中心监测,可使各类作物增产 15％左右的无毒、无残留、无公害的强力高效增产剂。其作用机理是直接作用于细胞核、调控作物的生长基因,提高光合作用和酶的活性,增强作物对养分的吸收能力,从而达到显著增产,改善品质的目的。在双低油菜上喷洒绿享天宝,同样能获得增产。

据江苏省无锡市锡山区农业技术推广站试验,2 月 25 日和 3 月 25 日在双低油菜分别喷洒绿享天宝后,一是叶色深厚,叶片大而肥厚;二是延长叶片的功能,功能叶绿的时间长,光合产物多,有利养分的供应、贮存和运转;三是主茎叶片增加,据测定,平均增加 0.7 片。由于营养生长好,基础扎实,因此单株角果数显著增加,增加 28.9 个。

施用绿享天宝后,还能显著提高每角粒数和千粒重。每角粒数增加 0.9 粒,千粒重增加 0.05 克。最终每 667 平方米产量增加 27.4 千克,投入产出比为 1∶63。

喷洒绿享天宝,宜在抽薹开花初期,一般可喷洒 1 次,用量为每 667 平方米 20 毫升,对水 30 升,如结合防病治虫进行,也可掌握此用量,每 667 平方米 30 千克药液加 20 毫升绿享天宝。

（七）增油素的应用

增油素系上海景利欣农化有限公司采用高科技研制而成的油菜专用产品，能促进油菜生殖生长，提高其产量。

油菜花期结合防病加入增油素处理有较好的增产作用。直播油菜每 667 平方米用增油素 50 克和 100 克，平均 667 平方米产量比单用防病药分别增产 7.2 千克和 13.7 千克，增产 4.96％和 9.44％。据对产量构成要素考察，应用增油素后，直播油菜单株隐花隐角减少、结荚数明显增加，每荚粒数呈增加趋势，千粒重基本没有变化。

使用增油素后，菌核病发病也明显下降。据江苏省常熟市农业局两个试点调查，每 667 平方米用增油素 50～100 克，平均株防效 51.1％，比单用防病药的株防效 21.6％，提高 29.5％；平均病指防效 60.8％，比单用防病药的病指防效 29.8％提高 31％。

直播油菜每 667 平方米用增油素 50 克和 100 克，成本分别为 1.2 元和 2.4 元，增产油菜籽 7.2 千克和 13.7 千克，以每千克单价 1.8 元计，增加产值 12.96 元和 24.66 元，扣除成本，每 667 平方米净收益 11.76 元和 22.62 元，投入产出比分别为 1∶10.8 和 1∶10.3。

使用方法，在油菜的花期结合防病，每 667 平方米添加 100 克增油素喷用。

（八）化学调控技术的应用

应用生长调节剂促进或抑制作物生长发育，实现平衡生长,达到优质高产的目的,称为化学调控(简称化控)。与其他农业增产措施相比,使用植物生长调节剂具有用量少、投资少、增产效果显著的特点,在双低油菜栽培中应用较多的是在苗床3叶期或苗前期喷施多效唑或烯效唑,有利于培育矮壮苗,防止高脚苗。该项技术适宜长江、黄淮流域油菜育苗移植地区。

1. 多效唑调控油菜生长的作用

(1)生理效应 经处理的叶片、叶柄、缩茎段的赤霉素含量分别只有对照植株的55.9%,74.5%,52.2%。脱落酸含量较对照植株高153.8%,327.2%,116.7%。叶绿素含量增加30.1%～30.2%,光合率提高30.8%。植株体内赤霉素含量减少,脱落酸含量增加,说明植株生长受到抑制。

(2)生物学效应 经多效唑处理的油菜茎矮根壮,缩茎段控长率达362.1%,根茎直径、根干重量分别增加15.4%,35.7%;单株绿叶数多0.7～1.6片;2叶柄、3叶柄、4叶柄的控长率分别为61.4%,100%,97.4%;叶片组织结构紧密,蜡质层增厚,气孔开张度小,耐旱性强。移植用多效唑培育的油菜苗成活返青快,早发苗壮,可降低分枝部位10%～20%;一次分枝增加0.5～2个;单株增角42.6%。

(3)产量效应 据120个正规田间试验结果,用多效唑处理油菜增产10%～20%,在特大冻害年份可增产30%以上。

2. 多效唑的应用技术

(1)适时早播 用多效唑处理油菜可使其幼苗营养生长期延缓,播种育苗可以较常规育苗期提早3～5天。一般两熟制地区栽培油菜在9月6～10日播种,而三熟制地区则在两熟制幅度内略迟 3～5 天。

（2）加强肥、水管理　喷淋多效唑能促使幼苗叶色呈浓绿色，而在实际生产中有忽视底肥的现象。据观察，如果苗床肥力差或不施底肥，喷多效唑会加速幼苗基部叶片发黄，叶片呈暗绿色，生长受阻，故在苗床喷施多效唑时，既要重施底肥，也要看苗追肥，如遇干旱及时抗旱，以便充分发挥药效。

（3）精量播种，适当密植　一般每 667 平方米播精选油菜良种 0.5 千克，播种力求均匀。每 667 平方米留苗数可从常规育苗 8 万～10 万株提高到 12 万株左右。

（4）最佳喷施时期和剂量　喷施多效唑的最佳时期是油菜幼苗 3 叶期，喷施浓度为每升 150 毫克，苗床肥力水平中等偏上。一般苗势生长旺的喷施浓度为每升 150～200 毫克，瘦地、长势差的油菜不宜喷淋。喷药时要选用小眼喷雾器，要对植株各个部位进行均匀喷洒。

（九）化学除草技术

油菜田的杂草一般分为禾本科杂草（单子叶杂草）和阔叶杂草（双子叶杂草）。禾本科杂草主要有看麦娘（或称麦娘娘、麦陀陀、棒槌草、晃晃草）、牛毛草（牛毛毡）、早熟禾（或称稍菟、小鸡草、冷草）、棒头草、猪殃殃（又称拉拉藤、麦蜘蛛、黏黏草）、碎米荠、播娘蒿（米米高）、雀舌草、通泉草、婆婆纳等。北方春油菜产区还有稗草、野燕麦、狗尾草等禾本科杂草，以及藜、苋等春季发生型杂草。

1. 除草剂三种类型

（1）选择性除草剂　它能在一定剂量范围内有选择性地

杀死某些杂草或植物,而对另一些植物无毒或低毒。因此,在油菜与杂草同时存在时,正确选择和使用这类除草剂,可以杀死杂草而不损伤油菜。

(2)灭生性除草剂 它不分植物种类,能将植物全部杀死。

(3)触杀性除草剂 这类除草剂在植物体内不移动或很少移动,只伤害植物接触到药剂的部位或器官,对未接触药剂的部分或器官没有影响。

因为油菜田杂草与油菜共生,首先,油菜化学除草宜用选择性除草剂,其次,要根据当地的栽培制度和茬口安排,选择适宜的除草剂品种。一年一熟制油菜产区没有明显的季节性限制,可考虑选用残效期长的除草剂在播种前除草。南方油菜、稻连作区宜分别选择幼苗期、苗期、成株期的除草剂。

2. 油菜常用除草剂

(1)播栽前处理土壤的除草剂 主要药剂有氟乐灵、杜耳等,用于防治禾本科杂草。每 667 平方米用 48% 氟乐灵乳油 100～150 毫升,对水 40 升,或 72% 杜耳乳油 150 毫升对水 40 升,畦面平整后随喷药随耙地混土,2～4 天后再播栽油菜。

(2)油菜播种后、出苗前使用的除草剂 防治禾本科杂草或阔叶杂草主要药剂有丁草胺、敌草胺、拉索、禾耐斯、杀草丹、大惠利、绿麦隆等药剂。使用方法:在油菜播种后、杂草出土前,每 667 平方米选用 60% 丁草胺乳油 100～124 毫升,或 20% 敌草胺乳油 150～200 毫升,或 48% 拉索乳油 200 毫升,或 90% 禾耐斯乳油 45 毫升,或 50% 杀草丹乳油 200～250 毫升,或 50% 大惠利可湿性粉剂 100～150 克,或 25% 绿麦隆可湿性粉剂 100～150 克,任选一种,对水 40 升喷雾(绿麦隆可与杀草丹、丁草胺混用）。

（3）油菜成苗以后使用的除草剂　防治禾本科杂草的有盖草能、田霸、精稳杀得、精禾草克、拿捕净、喹禾灵等,防治阔叶杂草的有高特克等,防治禾本科兼治阔叶杂草的有金星、菜王星等药剂。使用方法:当田间杂草长到3～6叶或主生长盛期,每667平方米用12.5%盖草能40～50毫升,或9.8%高效田霸12～18毫升,或15%精稳杀得50～60毫升,或50%精禾草克40～70毫升,或20%拿捕净100～120毫升,或10%喹禾灵50～100毫升,或50%高特克悬浮剂25～35毫升,或金星可湿性粉剂4～6克,或菜王星15～20克。可根据除草类型任选一种,对水30～40升喷雾。

十、双低油菜病虫害及其防治

我国双低油菜病虫种类和常规油菜差异不大,有百余种。但由于各地自然、耕作和栽培条件不同,病虫种类和危害程度差异很大。在南方冬油菜产区,主要病虫种类有菌核病、病毒病、霜霉病、白锈病、萎缩不实病和蚜虫、菜粉蝶、豌豆植潜蝇等。在北方春油菜产区,主要是蚜虫、黄条跳甲、大菜粉蝶和甘蓝夜蛾等,病害发生较轻。近年来随着油菜生产的发展,尤其是双低油菜在各地的种植,病虫危害有加重的趋势,特别是自然条件适合病虫害发生的年份,某些病虫害常常流行成灾,苗期造成死苗缺株,甚至全田毁种;开花结角期危害,可致植株枯死,导致减产,含油量降低,种子质量变劣。因此,掌握病虫发生规律,贯彻有效的防治措施,是确保双低油菜高产稳产的一项重要措施。

(一)菌 核 病

1. 分布与危害

在淮河、秦岭以南,邛崃山、乌蒙山以东地区发病普遍,全国 25 个省市均有此病害的报道,但以长江中下游和东南沿海各省市受害最重,一般发病率约为 10%～30%,严重者达90%以上。油菜感病株较健株减产 11%～73%,含油率降低1%～5%。1982～1985 年,各地试种的双低油菜品种菌核病在长江上游各地发病率一般为 5%～21%,中游为 14%～

49%，下游为 26%～46%，黄淮地区 16%～34%。1983～1984年度在湖北、湖南、江西、安徽、上海和贵州等省、市的个别地块发病率高达 80%～96%，损失颇为严重。

2. 症　状

菌核病在油菜地上部分各器官均可感染病害。叶片感染病后形成圆形或不规则形大斑，病斑黄褐色或灰褐色，常有 2～3 层同心轮纹，外缘暗青色，外围具淡黄色晕圈，病斑背面暗青色。干燥时病斑易破裂穿孔；潮湿时病斑上长出白色絮状菌丝，迅速扩展蔓延，使全叶腐烂，并形成菌核。被害茎秆和分枝上的病斑，初期为棱形或长条形，略凹陷，呈水渍状；后转为白色，有同心轮纹，边缘褐色，病健部分分界明显，潮湿时上面长出菌丝；病灶绕茎后，其上部植株逐渐枯死，菌丝继续在植株上迅速蔓延，形成白色霉斑；病害晚期，茎髓被蚀空，皮层纵裂，维管束外露如麻，极易折断，茎秆内部形成大量黑色菌核。花瓣感染病后，产生油渍状褐色点状小斑，失去光泽而呈苍黄色，潮湿时长出菌丝并形成菌核。角果上感染病后初为水渍状浅褐色，后转为白色病斑，气候潮湿时呈湿腐状，上生有白色菌丝，并于角果内外形成菌核。种子感染病后表面粗糙、灰白色、无光泽，有的病粒外为白色菌丝包裹，形成小菌核。

3. 病　原

油菜菌核病病原菌属子囊菌纲核盘菌科核盘菌属真菌。该菌形态多样，菌核呈鼠粪状不规则形，外层黑色，内层粉红色至米黄色，大小为 1～26 毫米×1～14 毫米。子囊盘肉质，浅褐色至深褐色，初呈杯状，展开后呈盘状，直径 0.5～16 毫米，下有子囊盘柄。子囊和侧丝整齐排列在子囊盘内，子囊棒状、无色,内含 8 个子囊孢子。子囊孢子单胞、无色,椭圆形,大小为 8～14 微米×3～8 微米。菌丝白色、丝状,有分枝和膈膜,老龄菌丝聚集成团,由白色转为黑色菌核。

菌核形成的温度范围为 5℃～30℃,而以 20℃～29℃为最适。菌核抗干热、低湿,但不耐湿热。在 50℃热水中浸 5 分钟或 60℃热水中 1 分钟即全部死亡。浸泡在水田中的菌核,经夏季 1 个月左右,菌核则被软腐细菌等寄生而全部腐烂,在干燥条件下菌核可存活数年。

菌核萌发的温度范围为 5℃～20℃,土壤相对湿度 70%～80%,菌核萌发不需要光照。子囊盘形成适温为 8℃～16℃,需要有散射光,黑暗条件下则不能形成。在适温下子囊盘中可在 8～15 天内陆续放射出子囊孢子。

子囊孢子耐干燥,但不耐日光直射。萌发温度为 5℃～25℃,以 5℃～10℃最适;侵染适温为 15℃～25℃;干燥 2 个月后仍能萌发,但在 85%以上相对湿度或水滴中萌发率最高,子囊孢子随气流可传播数千米。

菌丝生长发育温度为 5℃～30℃,而以 15℃～29℃为最适;空气相对湿度在 85%～100%;适应酸碱度的范围较广,在 pH 值 2～12 的范围内均可生长,以 pH 值 6～11 为最适;菌丝对营养基质的利用能力极强,可利用多种氮源和碳源,并能形成多种酶,因而能分解植物体内许多高分子聚合物质,使其转变为可吸收的营养成分。

病原菌属兼性寄生菌,致病力很强,已知能感染 64 科 383 种植物。主要危害十字花科、菊科、豆科、伞形科、锦葵科、茄科等植物和油菜、向日葵、大豆、茄子、莴苣等。

4. 侵染循环

长江流域及其以南冬油菜产区,4~6月份油菜收获后,病原菌以菌核形态在土壤、种子和残株中越夏,种子和残株中的菌核又随播种和施肥进入水中,成为病害的首次侵染源。在秋冬温暖潮湿的地区如四川盆地,土壤中少数菌核可以萌发产生子囊盘或直接长出菌丝侵染油菜苗,引起幼苗发病并形成一批新的菌核;在大多数地区,土中菌核秋冬处于休眠状态,翌春旬平均温度达到5℃以上时,菌核萌发产生子囊盘,2~4月旬均气温8℃~14℃期间为子囊盘盛发期。子囊盘从初现至终止约经20~50天。子囊盘中放射出子囊孢子,随气流传播至寄主上。子囊孢子发芽由角质层、自然孔口或伤口侵入组织。一般先侵染花瓣、花药以及衰老黄化的叶片,长出菌丝,再侵染健全的叶片和茎秆,通过枝、叶和角果毗连由菌丝蔓延而引起株间相互感染。另外,春季潮湿土面的菌核也可直接长出菌丝侵染植株基部茎、叶。病害晚期,菌丝在病部内外形成菌核完成侵染循环。

5. 流行规律

菌核病病害流行主要决定于以下四个因素。

(1)田间菌原数量 油菜收获后,大量菌核存留在土中,后作如系水稻,菌核基本上均腐烂死亡;如系旱作,其存活菌核数量随时间加长而渐次减少。施用未腐熟的油菜残秆、角果壳做肥料或播种带菌种子,增加了土壤中的菌核数量。由于田间存活菌核数量不同,田块间发病程度有明显差异。春季子囊盘发生期,中耕培土降低子囊盘数量,可减少发病。

(2)油菜开花期与子囊盘发生期的吻合程度 病原菌主

要通过子囊孢子进行首次侵染，子囊孢子极易侵染花瓣，因而油菜开花期最易染病，开花期与子囊盘发生期吻合时间愈长，病害愈重，反之则轻。在长江流域冬油菜产区，一般在油菜开花前子囊盘就开始发生，因而在开花早、花期长的双低油菜品种(如白菜型、春性型品种等)，或早播的双低油菜开花期与子囊盘发生期相吻合时间长的，病害都重于开花迟、花期短因而吻合时间短的油菜。

（3）油菜开花期降水量 一般开花期平均日降水量在5毫米以上者病害严重，1～3毫米发病轻，1毫米以下极少发病。同期月平均相对湿度在80%以上时病害严重，60%～75%发病较轻，60%以下基本不发病。接种试验证明，温度为12℃～29℃、空气相对湿度为85%～100%的情况下，菌丝侵染叶片的速度最快。在长江流域冬油菜区，春季气温逐步上升，一般适合病原菌各生长发育阶段要求，通常在油菜蕾薹期菌核萌发，临花前开始出现子囊盘，开花期子囊孢子侵染，盛花期出现叶病，终花期前后叶病达到高峰，并发生茎病，成熟期，茎、角果发病达到最高峰。开花期多雨则利于子囊形成、子囊孢子首次侵染和菌丝再侵染，如果角果发育期降水过多，病害更重；反之叶片发病显著减少，且不易蔓延至茎秆。

（4）油菜生长势 长势好的油菜发病通常重于长势差的油菜。主要原因：长势好的油菜植株高大、枝叶繁茂，田间荫蔽，通风透光差。小气候湿度大，有利于子囊孢子侵染、菌丝生长和再侵染；长势好的油菜枝叶毗连，有利于菌丝向周围健株蔓延。油菜长势过旺而倒伏时，病害更加严重。油菜长势好不好与氮肥施用量和播种期关系十分密切。一般病害随氮肥施用量增多和播种期提早而加重。此外，油菜地积水，种植下生分枝型特别是零位分枝型品种，栽培密度过大等，均可造成小气候湿度增加而加重病害。

6. 防治方法

采取农业措施与药剂相结合的综合防治方法有较好的防病效果。

一是实行稻油轮作,旱地油菜应与禾本科作物(如大、小麦等)实行 2 年以上轮作。

二是油菜生长季节多雨地区,要做窄厢、开深沟,春雨到来前及时做好清沟防渍工作。

三是选用感病轻的品种。当前双低油菜品种(系)主要属甘蓝型油菜,凡苗期叶深绿,开花较迟,花期较短,分枝部位较高,茎秆紫色、坚硬,抗倒性强的品种病害较轻。

四是播种无病种子。选留无病种子可以在收获前两三天,在田间选择无病株或无病株主轴留种;未经田间选种的种子,播种前先筛选出混杂在种子中的大菌核,然后用 10% 盐水或 15% 硫胺水选种,清除上浮的病种、秕粒和小菌核,将下沉的种子洗净阴干后播种。

五是合理施用氮肥。注意各生长发育阶段的氮肥施用比例,避免开花结角期油菜贪青倒伏,或脱肥早衰,适当配合施用磷、钾肥及硼、锰等微量元素。

六是春季中耕破除子囊盘。于春季子囊盘盛发期间,对前一年种过油菜的旱地进行 1～3 次中耕,可破坏大部分子囊盘。

七是花期摘除植株中下部病、黄、老叶 1～3 次,摘下的叶片带出田外进行深埋或焚烧处理。

八是药剂防治。油菜盛花期,叶病株率达 10% 以上,茎病株率在 1% 以下时进行喷药。防治重点是长势好的油菜地、连作旱地和渍水地。

九是油菜收获后,拔除旱地油菜残茬,连同脱粒后的残秆及角果壳集中沤肥或烧毁。刮除油菜堆积、脱粒场地表土壤积沤肥,可大量减少作为来年侵染源的菌核数量。

(二)病 毒 病

1. 分布与危害

冬、春双低油菜产区均有病毒病发生,以冬双低油菜产区发生普遍。危害程度因地区、年度不同而异,双低油菜栽培区,以城镇郊区以及双低油菜苗期(秋季)干旱年份危害最重。长江流域发病率一般为 10%～30%,严重者达 70% 以上。油菜感病株较健株产量平均减少 65.7%,种子含油率平均降低7%。1982～1985 年,各地试种的双低油菜品种(系)的发病率平均达 13%～27%,1980～1984 年度部分地区发病相当严重,对油菜产量和品质带来极大的影响。除此以外,感病双低油菜抗逆能力降低,冬季易遭受冻害而死亡,春季易感染菌核病、霜霉病、软腐病等,加速双低油菜的死亡或减产。

2. 症 状

不同类型油菜上的症状差异很大。甘蓝型双低油菜苗期症状常见的主要为枯斑型和花叶型两种。前者先在老龄叶上出现,然后向新生叶上发展;后者主要在新生叶上表现。枯斑类型有点状枯斑和黄色大斑两种。前者病斑很小,直径约0.5～3 毫米,表面淡褐色,略凹陷,中心有一黑点,迎光透视呈星藻状,叶背面病斑周围有 1 圈油渍状灰、黑色小斑点;后者病斑较大,直径约 1～5 毫米,斑淡黄色或橙黄色,呈圆形、不规则形或环状,与健全组织分界明显。

枯斑症常伴随着叶脉坏死,使叶片皱缩畸形。花叶类型的症状与白菜型油菜症状相似,支脉和小脉半透明,叶片成为黄绿相间的花叶,有时出现疱斑,叶片皱缩。茎秆症状主要特点是在茎、枝上产生色斑,可分为条斑、轮纹斑和点状斑 3 种。

条斑症在茎枝一侧初出现 2～3 毫米长的褐色至黑褐色棱形斑,中心逐渐变成淡褐色,病斑上下两端蔓延成为长条形枯斑,可以从茎基部蔓延至果枝顶部,病斑后期纵裂,裂口处有白色分泌物,条斑连片蔓延后常致植株半边或全株枯死。

轮纹斑在茎秆上初现棱形或椭圆形,长约 2～10 毫米,病斑中心开始有针尖大的枯点,枯点周围有 1 圈褐色油渍状环带,病斑稍凸出,继续扩大时,中心呈淡褐色枯斑,上有白色分泌物,外围有 2～5 层褐色油渍状棱形环带,形成多层同心轮纹斑。病斑大小为 1～10 厘米。病斑多时可连接成一片,使茎秆呈花斑状。

点状斑在茎秆上散生,黑色针尖大小点,斑周稍呈油渍状,病斑密集时,斑点并不扩大。

以上 3 种类型,以条斑形较普遍且严重,常引起植株严重矮化或枯死。

成株期植株症状,株型矮化、畸形,薹茎短缩,花果丛集,角果短小扭曲,有时似鸡脚爪状,角果上有小黑斑。

3. 侵染循环

芜菁花叶病毒和黄瓜花叶病毒在田间主要通过蚜虫传播,病株的病毒汁液可以传播病毒。病株的种皮能带病毒,但实际上不能传毒。土壤和病残株是否传病尚未得到证实。

传毒蚜虫主要种类有萝卜蚜、桃蚜和甘蓝蚜等数种。芜菁花叶病毒和黄瓜花叶病毒都是非持久性病毒,蚜虫得毒、持毒和注毒时间都很短。在芜菁花叶病毒病株上吸毒 5～20 秒钟就可以获得病毒。传播黄瓜花叶病毒时,吻针插入病组织 25 秒钟,病毒获得率很高,接种效率也很高。蚜虫在健株上吸吮不到 1 分钟就可以传病,但 1 次吸毒后,只要经过 20～30 分钟,传毒力就会消失。

在秋播双低油菜区,病毒在十字花科蔬菜、稻生油菜和杂草如苋菜、芥菜、臭荠、车前草及辣根等植物上越夏,秋季先传播至较双低油菜早播的十字花科蔬菜如萝卜、大白菜、小白菜上,尔后传入油菜田。油菜子叶期至抽薹期均可感病,尤以 3～5 叶期为易感期。潜育期的长短,受气温的影响最大,一般 7～30 天;日均气温 20℃～25℃时为 7～10 天,13℃左右时 10～20 天,5℃以下或 30℃以上病毒不易侵染或不显症。苗期病株常在出苗后 1 个月左右,约 5 片真叶期前后出现。冬季病毒在病株体内越冬。春季旬均气温达到 10℃以上时,病害症状逐渐表现明显,一般在终花期前后达到发病高峰。

4. 流行规律

油菜病毒病的发生、发展和流行,主要决定于油菜苗期的传毒蚜虫数量、毒源植物、油菜抗病性和气候条件等因素的综合影响。

(1)传毒蚜虫 主要通过有翅成蚜迁飞传播病毒。无翅蚜爬行传毒作用较小。有翅蚜大量迁飞传毒主要发生在油菜苗期(子叶期至开盘期),从蚜源(毒源)植物迁入油菜田,此时恰逢油菜易感病期。由于油菜蚜虫的蚜源植物与油菜病毒的毒源植物基本相同,毒源植物病毒病的流行规律又与油菜病毒病相类似,通常油菜苗期蚜虫发生多的年份,也是毒源植物发病重的年份,因此蚜虫的带毒率和迁飞数量是决定油菜发病的关键。

(2)毒源植物　秋季较双低油菜早播的十字花科蔬菜(萝卜、大白菜、红菜薹、芥菜、芜菁、甘蓝)和野生油菜是油菜病毒病的主要毒源植物。城镇郊区、村旁广种十字花科蔬菜,毒源和蚜源都十分丰富,病害常较远离这些毒源的地区严重。主要是蚜虫自主迁飞力弱和油菜病毒属非持久性病毒,易于失毒的缘故。

(3)油菜抗病性　我国目前栽种的甘蓝型油菜中尚未发现完全免疫的品种。但一般而论,甘蓝型双低油菜抗病性最强。同一类型油菜中,一般又以早熟和早中熟品种感病最重,中熟品种次之,中晚熟和晚熟品种抗性最强。

(4)气候条件　双低油菜苗期气候条件对病毒病的流行影响最大,由于蚜虫、毒源和油菜病毒病三者都受气候条件的影响,因此它是影响病害流行的关键因素。主要的气象因素是气温和降水。对蚜虫迁飞和病害发生发展适宜的日均气温为15℃～22℃,低于8℃和高于25℃对二者均不利。冬油菜区双低油菜苗期气温有一段时间是适于蚜虫迁飞和发病的,但传毒蚜虫的繁殖和迁飞还受降水等因素的影响,所以苗期的降水情况成为病害能否流行的决定性因素。此期月降水量小于30毫米病毒严重,大于80毫米病毒很轻。此外,夏季高温对蚜虫越夏和病毒在毒源植物中的繁殖不利,对病害流行也有一定影响。

(5)栽培管理　播种期对病害的影响最大,在冬油菜区一般在适合病害流行的年份,播种愈早则病害愈重,愈迟则愈轻。主要原因是:气温适宜,传毒蚜虫数量多,幼苗受侵染机会增多;冬前苗期生产期延长,受蚜虫侵染时期加长;气温较高,病毒在双低油菜体内繁殖速度加快,潜育期短。其他还有苗期施肥、灌水、喷药等对病害也有一定影响。

5. 防治方法

预防苗期感病是防治的关键。

(1)选用抗病品种　一般甘蓝型双低油菜较抗病,在病毒病发生严重的地区,应尽可能种植甘蓝型双低油菜。

(2)适当推迟播期　根据预测预报,病害大流行年份推迟播种 10～15 天,可以避病而起到减轻危害的作用。

(3)治蚜、驱蚜防病　在油菜出苗前和油菜出苗后至 5 叶期间,应加强对双低油菜地附近的蔬菜蚜虫的防治,可大量减少有翅蚜向双低油菜地迁飞传毒。或在双低油菜地边设置黄板,以诱杀蚜虫。或在油菜播种后,用蚜虫忌避银灰色、乳白色或黑色色膜覆盖油菜行间,覆盖率达 45% 左右,覆盖时间40～50 天;或用色膜带张挂在双低油菜地,距地面高 0.5 米,一般 3～4 平方米 1 条带,均能起到驱蚜防病作用。

(4)加强苗期管理　苗床地远离十字花科蔬菜地,苗期勤施肥、勤灌水,移植前拔除病苗,在苗床周围设置屏障如种植高秆作物,可减少有翅蚜向双低油菜苗上迁飞。

(三)萎缩不实病

1. 分布与危害

油菜萎缩不实病又名花而不实病。系由土壤缺乏有效态硼引起的生理病害,多发生在甘蓝型双低油菜上。主要分布在上海、江苏、浙江、安徽、江西、湖北、湖南、福建、广东、广西、云南、贵州、四川和陕西等地，以山区、半山区和丘陵区为多。该病发生后，至少减产二三成以上，严重者几乎无收，含油量也显著下降。

2. 症　状

该病症状表现因土壤缺硼程度不同而有很大差异，重者幼苗萎缩死亡，轻者开花后不结实或部分不结实。

病株根系发育不良，须根不长，表皮变褐色，有的根颈部膨大、皮层龟裂。叶片初变为暗绿色。叶形变小，叶质增厚、变脆，叶端向下方倒卷，有的表现凸凹不平呈皱缩状。一般靠下方的中部茎、叶最先变色，并向上、下两方发展，先由叶缘开始变成紫红色，渐向内部发展，后变成蓝紫色；叶脉及附近组织变黄，叶面形成一块块蓝紫斑；最后叶缘枯焦，叶片变黄，提早脱落。花序顶端花蕾褪绿变黄，萎缩枯干或脱落。开花进程速度变慢或不能正常开放，随即枯萎；有的花瓣皱缩、色深，角果发育受阻；有的整个角果胚珠萎缩，不能发育成种子，角果长度不能延伸；有的角果中能形成正常种子，但呈间隔结实，角果较短，外形弯曲如萝卜角果。茎秆中、下部皮层出现纵向裂口，上部出现裂斑。角果皮和茎秆表皮变为紫红色和蓝紫色。

病株后期的株型可分为三大类型。

(1)矮化型　病株的主花序和分枝花序显著缩短，植株明显矮化。角果间距缩短，外观如试管刷。中上部分枝的二、三、四次等分枝丛生，茎基部叶腋处也长出许多小分枝。成熟期病株上的全部或大部分角果不能结实，晚期生出的分枝仍在陆续开花。

(2)徒长型　病株的株高特别是主花序显著增长，株型松散。病株的少数或较多的角果不能结实,主花序顶部或晚期出生的次生分枝尚在陆续开花。

（3）中间型　病株的株高、株型与正常植株间无明显差异。成熟期病株有少数或较多角果不能结实,晚期出生的分枝尚在陆续开花。

3. 影响发病的因素

该病的发生受土壤类型以及农业技术措施的影响甚大,致使病害的发生情况在地区间和年份间有很大的差异。

（1）土壤质地与土壤中有效性硼的关系　火成岩发育的土壤含硼量很少,有效性硼含量较低。轻质土壤保水、保肥能力差,流失性大,有效硼含量较低。我国低硼土壤分布十分广泛,北方的低硼土壤主要为黄土和黄河冲积物发育的土壤,包括黄绵土和黄潮土等,东北地区的低硼土壤为草甸土和白浆土。南方的低硼土壤主要为花岗岩和其他酸性火成岩发育的红壤,在江西省南部、浙江、福建和广东省分布十分广泛。此外,湖北东北部片麻岩和花岗岩发育形成的黄棕壤也是低硼土壤,其水溶态硼含量在 $0.08\sim0.25$ 毫克/千克,而油菜缺硼土壤水溶态硼含量临界值为 0.4 毫克/千克左右,因而在这些低硼土壤上油菜发病普遍。

（2）土壤中硼的有效性与土壤 pH 值的关系　水溶性硼含量与 pH 值间呈负相关,在 pH 值 $4.7\sim6.7$ 范围内硼的有效性最高,在 pH 值 $7.8\sim8.1$ 范围内硼的有效性降低,在 pH 值大于 7 的土壤上植株易于出现缺硼症状。但如果酸性土壤上过多地施用石灰后,一方面石灰可与土壤中有机硼化合物结合变成很稳定而又难于分解的有机化合物,致使有机硼不能转化分解成有效态硼;另一方面还会使土壤中 pH 值升高,并形成氢氧化铝沉淀物,后者能吸附大量有效态硼。这些土壤反应都会造成有效态硼含量降低,导致和加重油菜出现缺硼症状。

(3)缺硼与长期土壤干旱的关系 长期持续干旱不仅使土壤对硼的固定作用加强,还会降低土壤有机硼化合物分解的生物活性,从而使土壤中有效态硼的含量降低,加重油菜缺硼症状的发生和发展。

(4)植物体内硼与其他营养元素间的关系 植物体内营养元素应有一定的平衡关系,平衡失调会导致或加重缺硼症状的发生。缺硼土壤上较多地偏施化学氮肥,双低油菜的氮素营养供应增加后,相应对硼素的需求量也增大,如不能及时供硼,常会导致或加重症状的发生。此外,正常植物体内,钙、硼元素含量应有一定比例,比例过高会造成缺硼症状发生。酸性土壤上过多施用石灰后,除造成土壤中有效态硼的供应水平降低外,还会使油菜体内钙、硼两种营养元素间的比例过高,导致缺硼症状的发生。

(5)品种和栽培条件与缺硼的关系 不同成熟期的甘蓝型双低油菜品种,发病程度也有所不同,早熟品种较轻,中熟品种次之,晚熟品种最重。分析正常植株地上部分含硼量结果:甘油1号(5月7日左右成熟)为469.7微克/株,甘油3号(5月10日左右成熟)为464.1微克/株,363(5月16日左右成熟)为836.1微克/株。品种间随着熟期的延迟,对硼的需求量也增大。故在同一土壤供硼水平条件下,品种成熟期越迟,缺硼程度愈甚,发病也愈重。

播、栽期较晚的油菜,个体和根系发育差,根系营养吸收面积减少,降低了对硼的吸收能力,发病相对地加重。

油菜缺硼的构成原因很复杂,受植物体本身的代谢功能以及各种环境因素的影响。油菜缺硼时,幼叶出现白化现象,老叶变暗绿或黄色并出现花青素,叶绿素含量较正常的油菜降低 30%～60%。缺硼后还降低叶中转化酶的水解活性,造成蔗糖在叶中积累,阻碍向根和繁殖器官的运转,病株茎、叶中可溶性糖含量较正常油菜高 1～3 倍。缺硼后油菜蒸腾作用强度较正常植株要降低 82%～103%。硼对分生组织的分化有很大影响,所以油菜缺硼后首先表现在根尖和主茎生长点的萎缩坏死。不同生育期缺硼,对油菜的生育和产量影响不同,苗期影响较小,薹期、花期和结角期影响较大,尤以花期缺硼为甚。由于油菜在繁殖生长阶段需要较多的硼素营养,硼对繁殖器官的建成和发育具有重要作用,因为硼对花粉的分化、花粉粒中生殖细胞的分化、子房和胚珠的发育分化、授精过程,胚芽和胚乳的发育都起着重要作用。因此硼对提高油菜籽的产量和品质影响很大。

4. 防治方法

缺硼是由多种因素促成的,因而对该病的防治,除在发病区增施硼肥外,还应通过各种农业技术措施,提高土壤内有效性硼的含量。

(1)施用硼肥 在缺硼土壤上,进行双低油菜根外喷硼砂液效果较好。硼砂先溶于少量热水中,再按规定量对水稀释。

苗床喷硼。移植前 1～2 天,每 667 平方米苗床用 0.4% 硼砂溶液 50 升对叶面喷雾,可较大幅度增加油菜体内的含硼量。在缺硼土壤上喷硼对双低油菜移植后的返青速度和苗期生长,均有显著促进作用,具有防病增产作用,如不能完全防治,尚需在本田喷硼。

本田喷硼。根据土壤缺硼程度,在苗期防治 1 次或在苗、

蕾期各防治 1 次,每次每 667 平方米用硼砂 50 克对水 40～
50 升,进行叶面喷雾。最好在移植后次日开始喷施。

开花后,如有花而不实现象,每 667 平方米可用硼砂 50
克,加水 50 升,根外喷雾防治,可使正开的和将开的花正常结
实。

油菜移植前,每 667 平方米平均施硼镁肥或硼镁磷肥
7.5～12.5 千克,也有良好效果。

(2)农业防治措施　深耕改土,增施有机肥、草木灰,合理
施用化学氮肥,从根本上改善土壤理化性状,增加土壤有机
质,从根本上提高有效态硼含量,以防止硼、氮元素间比例失
调。

培育壮苗,适时移植,以促进根系发育,扩大营养吸收面
积。

适时做好抗旱排渍工作,可防止土壤中有效态硼的固定,
促进土壤有机硼化合物分解转化为有效态硼和增进根系的吸
收机能。

酸性土壤上适量施用石灰,防止造成土壤有效态硼的固
定、土壤有机硼化合物难于分解转化和硼、钙元素间的比例失
调。

推广成熟早的甘蓝型双低油菜品种。

(四)白 锈 病

1. 分布与危害

白锈病又名龙头病、龙头拐。全国各油菜产区均有分布,
以云南、贵州等高原地区和长江下游的上海、江苏、浙江等省

市发病严重。常年流行区油菜种植面积约 80 万公顷。流行年份发病率 10%～50%，产量损失 5%～20%；大流行年损失更重，如云南省大流行的 1975 年，1978～1980 年 4 年，单产只有正常年份的一半左右。1973 年上海、江苏出现暴发性的大流行，有的地区发病率高达 70%～100%，严重影响油菜的稳产、高产。

2. 症　状

整个生育期均可感病，危害叶、茎枝、花和角果等地上各部。苗期在叶片正面出现淡绿色小斑点，后变黄，并在病斑背面长出隆起的白漆色小疱斑，有时叶面也可长出白色疱斑，严重时疱斑连片布满全叶，疱斑破裂后散出白色粉末即病原菌的孢子囊，常常引起叶片枯黄脱落。茎和花轴上的白色疱斑多呈长圆形或短条状。由于病原菌的入侵，引起了寄生代谢作用发生病理变化，使蛋白质分解产生小量的色氨酸，其与内源酚类物质起反应或产生吲哚乙酸后，刺激幼茎和花轴发生肿大弯曲，形成龙头状。花器受害后，花瓣畸形、膨大、变绿呈叶状，久不凋落也不结实，表面长出白色疱斑。角果受害后亦同样长出白色疱斑。

3. 侵染循环

病菌以卵孢子在龙头和病株残体内或残株留在土壤中越冬或越夏，带菌的病残体和种子是病害的初次侵染来源。秋播双低油菜出苗后，卵孢子萌发产生游动孢子，借雨水飞溅于叶面，游动孢子萌发长出芽管，从气孔侵入，引起初次侵染。病斑上长出的孢子囊借风雨传播，进行再侵染。寒冬时，以卵孢子在病株组织内越冬，也可以菌丝在病株体内越冬，来春温度回升后,病部又产生大量孢子囊,进行传播危害。温暖地区,孢子囊也可终年发生,连续侵染危害。

4. 影响发病的因素

(1)寄主生育期 双低油菜最易感病的生育阶段是开花期。从抽薹至开花期,进入营养生长和生殖生长两旺阶段,生长速度快,组织柔嫩,特别是花梗最易为白锈病菌侵染而形成龙头,因而对油菜产量损失最大。苗期5~6叶期发病也很普遍,但不及后期严重。油菜盛花期和苗期5叶期是油菜生育中两个发病高峰期。

(2)气候条件 决定病害流行的重要因素是温湿度条件,温度决定病害发生的迟早和发展速度,湿度决定病害发展的严重程度。气温在7℃~13℃时,有利于孢子囊的产生和萌发,18℃以上有利于病菌侵入和形成龙头。相对湿度、降水量和降水日数与病害的流行关系甚为密切。南方双低冬油菜区2~4月份的降水量大、雨日数多,相对湿度高,则该病发生严重。1963年和1964年上海市郊区油菜白锈病大流行,这两年2~4月份总降水量分别为257.5毫米和328.5毫米,雨日数分别为47天和55天,相对湿度达90%以上的日数分别为23天和27天;而1968年和1974年两年发病极轻,这两年2~4月份的总降水量分别为173.7毫米和160.9毫米,雨日分别为29天和33天,相对湿度达90%以上的日数仅10天左右。云贵高原冬季温度偏暖,有利于病菌越冬;春季平均气温较低,昼夜温差大、湿度高、雾露重,适宜于病菌的侵染和蔓延。

叶片上孢子堆的破裂与天气的相对湿度有密切的关系,这将直接关系到病菌孢子的再侵染。据上海市从3月10日至4月2日在田间的系统观察,不论早熟或是晚熟油菜品种,叶片上白锈病菌孢子堆破裂的 3 个高峰期(在抽薹至终花期间),都是每逢雨日空气中相对湿度达到 90％以上时出现。

（3）品　种　一般白菜型油菜感病严重,甘蓝型油菜较轻。而甘蓝型油菜品种间抗性差异也很显著,据中油所在云南省试验,对甘蓝型油菜种质资源 576 份材料进行抗白锈病特性鉴定的结果,其中免疫者占 37.3％,高抗者 35.4％,中抗及低抗的占 20.14％,感病材料占 7.12％,这些材料的发病率范围是从 0 到 100％。说明不同品种抗病菌侵染、扩展的特性有明显的差异。油菜品种花期长短与抗病性的关系十分密切,免疫材料平均花期为 37.5 日,高抗者 41.7 日,中抗者 43.6 日,低抗者 49.8 日,低感者 51 日,中感者 54.5 日,随着花期的延长,抗性明显下降。此外早熟品种较晚熟品种感病严重。

（4）栽培条件　连作田和前作为十字花科蔬菜的田间,白锈病菌基数高,发病重,前作为水稻的发病轻。早播油菜发病重,适期晚播油菜发病轻。壮苗移植的冬壮春发苗发病轻,弱苗移植苗势差的发病重。据上海市嘉定县 1978 年调查,壮苗移植的油菜白锈病株率为 24％,单株龙头为 1.8～2.4 个,而弱苗移植的油菜白锈病株率达 100％,单株龙头数 3.7～18.6 个。施用氮肥过多、过迟,后期植株贪青倒伏的发病重。低洼排水不良、田间湿度大的田块,发病重。

5. 防治方法

（1）轮　作　与水稻或非十字花科作物轮作,由于减少了田间初侵染源,使病害减轻。

（2）种子处理　无病株留种或播种前后用 10％盐水选种,淘汰病瘪粒和混杂在种子内的卵孢子,盐水选种后的种子用清水洗净、阴干后播种。

（3）合理施肥　施足基肥，重施腊肥、早施薹肥，巧施花肥，增施磷钾肥，使植株生长健壮，防止贪青倒伏，可减轻发病。

（4）深沟排渍　深沟窄厢，及时排除清水，以降低田间株间湿度，减少病害的蔓延。

（5）摘除病叶　抽薹后多次摘除病叶并将其带出田外沤肥或烧毁，可减少田间垄头的发生。

（6）栽种抗病品种　甘蓝型油菜对白锈病的抗性差异很大，各地可注意选择适于当地种植的抗病高产的单、双低油菜品种（系）。

（7）药剂防治　油菜薹16～34厘米或在初花期开始喷药，每隔5～7天喷1次，共喷2～3次，每667平方米喷药液75～120升，根据植株大小和栽植密度具体掌握。

（五）霜 霉 病

1. 分布与危害

全国各油菜产区均有分布，尤以长江流域、东南沿海及山区冬油菜区发病最重。三种油菜类型中以甘蓝型油菜最轻。一般发病率为10%～30%，严重者可达100%，可引起全田植株枯死。据中油所进行的损失测定：甘蓝型油菜感病后，千粒重降低0.5%～29.4%，单株产量损失15.6%～52%，种子含油率降低0.3%～10.7%，且病株多在收获前枯死、裂角，使种子撒落田间，因此，产量损失较测定结果更大。

2. 症　状

病菌可侵染叶、茎、花、花梗和角果等部位。叶片感病后，初现淡黄色斑点，病斑扩大受叶脉限制呈不规则形的黄褐色斑叶，叶背病斑上有霜状霉层，即病菌孢子囊和孢子囊梗，严重时全叶变褐枯死。茎薹、分枝和花梗感病后，病部初生褪绿斑点，后病斑扩大呈不规则形的黄褐色病斑，病斑上也和叶片一样着生一层霜霉状物。花梗发病后，常常肥肿、畸形，花器大、变绿呈龙头状，表面光滑，上面也出现霜状霉层。全株受害严重时，整株布满霜霉变褐枯死。

3. 侵染循环

病原菌在长江流域冬油菜产区主要以卵孢子在龙头和病残株内或随残株落入土壤、粪肥中或混杂在种子中越夏。秋季卵孢子发芽侵染秋播幼苗，引起幼苗发病。幼苗发病后，产生孢子囊，随风雨传播，进行再侵染。孢子囊一般在清晨大量形成，由于孢子囊梗干缩扭曲，将小梗上孢子囊放射出去，随气流传播，飞散至油菜寄主上后，遇有水滴，在 15℃温度下经 6 小时则可萌发，12 小时后芽管顶端形成附着孢，进而长出侵染丝侵入寄主，病菌在寄主体内潜育 3～4 天后又产生孢子囊。孢子囊寿命很短，抗逆能力较差，在相对湿度 50%～75%时，12℃温度下经 16～18 小时或在 30℃温度下经 10～12 小时后，孢子囊则失去萌发力。冬春期间，温度下降到 5℃以下，不适于病菌发育，病菌便以菌丝在病叶中越冬。春季气温回升，菌丝又重新产生孢子囊，进行再侵染。油菜成熟前，菌丝在植株体内形成卵孢子，是越夏的重要菌态。

4. 影响发病的因素

(1)温度与降水对病害的影响 在一般情况下,温度决定病害的发生期,雨量决定病害的严重度。长江流域冬油菜产区,12月份气温下降至7℃以下,不利于孢子囊萌发和侵染,因而苗期发病轻,主要在子叶和近地面的真叶上发病,1～2月份温度在5℃以上,病菌处于潜伏越冬状态。春季3～4月份温度上升,一般在10℃～20℃,昼夜温差较大,且正逢多雨季节,月平均降水量可达150～200毫米,植株上结露时间长,有利于病菌侵染,是霜霉病流行阶段。

(2)菌源对病害的影响 霜霉病菌是以卵孢子在龙头或病株残体内土壤中越夏,因而连作地或与上年油菜收获地相邻种植,田间菌源量大,病害则重;而轮作地、前作为水稻者发病则轻。

(3)栽培条件对病害的影响 氮肥施用过多、过迟,植株贪青徒长,组织柔嫩,后期倒状,株间过度郁闭,田间小气候湿度高,病害重。地势低洼、积水,可以加重发病。早播较晚播者发病重,这与早播气温偏高,病害发病早,被害期长有关。早播者病毒病发病重,更易感染霜霉病,加重发病程度。

5. 防治方法

(1)轮 作 与禾本科作物轮作1～2年或水旱轮作,可减少本田卵孢子数量,以降低发病。

(2)无病株留种或种子处理 收获前田间无病株留种或播前用1%盐水选种,取下沉饱满的种子,用清水清洗阴干后播种。

(3)改进栽培技术 施足基肥,促进壮苗,增施磷钾肥,增强植株抗病力。窄畦深沟、清沟防渍。花期摘除中下部黄病叶1～3次，以减少菌源，且有利于田间通风透光、降低小气候温度。适当迟播。

（4）选用抗病品种　各地可选用适合当地种植的抗病优质高产品种。

（5）药剂防治　于初花期叶病株率在10％以上时，开始喷第一次药，隔7～10天再喷1次，每次每667平方米喷药液100～125升，均匀喷洒于全株。

（六）蚜　虫

油菜上蚜虫主要有3种：萝卜蚜又名菜缢管蚜；桃蚜又名烟蚜、桃赤蚜；甘蓝蚜又名菜蚜。属同翅目蚜科。

1. 分布与危害

萝卜蚜和桃蚜在全国各油菜产区均有危害。甘蓝蚜主要在北纬40°以北或海拔1 000米以上高原地区发生较多。

桃蚜寄主范围极广，记载有352种，国内发现170种，油菜全生育期均可被害；萝卜蚜寄主30种，主要在油菜苗期危害；甘蓝蚜寄主51种，主要在开花结角期危害。

蚜虫对双低油菜的危害除了直接取食危害外，还能传播病毒病。三种蚜虫的危害情况相同，以成蚜和若蚜密集在叶背面、菜心、茎枝和花轴上，刺吸组织内汁液。叶片被害后，初始形成褐色斑点，继而卷缩变形、生长迟缓以至枯死。嫩茎、花轴受害后，生长停滞、畸形，角果发育不正常，开花结角果数减少，严重时可致枯死。

2. 形态特征

萝卜蚜有翅胎生雌蚜体长 1.6～1.8 毫米,黄绿色,有稀少白粉。头、胸部黑色,有光泽,各腹节两侧有黑斑,腹管下方数节为黑色横带。腹管短,稍长于尾片,圆筒形,淡黑色,中部膨大,末端缢缩如瓶颈;尾片圆锥形、较短。无翅胎生雌蚜体长 1.7～1.9 毫米,黄绿色,有少量白粉,腹部背面各节有浓绿色横纹,两侧各有一纵列小黑点,腹管、尾片与有翅型相似。

桃蚜有翅胎生雌蚜体长 2 毫米左右,黄绿、赤褐、褐色。头胸黑色,腹部背面有淡黑色横纹。腹管黑色,细长,较尾片长 1 倍以上,圆筒形,中部后方略膨大,并有瓦片纹。无翅胎生雌蚜体长 1.35～1.95 毫米,卵圆,黄绿、赤褐、橘黄色。腹管、尾片与有翅型相似。

甘蓝蚜有翅胎生雌蚜体长 2.2 毫米左右,黄绿色,被有白粉,腹部背面有数条黑绿色横带。体侧各有 5 个黑点。腹管黑色,短而粗,中部显著膨大,尾片短、圆锥形,基部稍凹缢。无翅胎生雌蚜体长 2.5 毫米,暗绿色,有白粉覆盖。腹背面各节有断续横带,腹管、尾片与有翅型相同。

3. 生活习性

三种蚜虫都有自北向南,随气温增高而世代数增多。一般而论,1 年的世代数以萝卜蚜最多,桃蚜次之,甘蓝蚜最少,世代重叠的现象也很严重。

萝卜蚜 1 年发生的代数,华北 10～20 余代,长江流域 31～34 代,华南 46 代。在华北寒冷地区,以卵在贮藏蔬菜上越冬。在天津、河北越冬卵于翌年 3～4 月份孵化为干母,5 月中旬开始危害。淮河以南至长江流域主要以成、若蚜在油菜和蔬菜心叶或菜根附近土中越冬,在湖北从 3 月份开始危害。华南地区无越冬现象。发育期随温度而变化,在 9.3℃时为 17.5天,27.9℃时为 4.7 天。成蚜寿命在 10.7℃时为 16.1 天,30.1℃时为 6.9 天。每天雌蚜平均可产仔蚜 50～85 头,多者达 100 余头。在适温条件下,生殖力随温度升高而增加,但成蚜寿命随之缩短。

桃蚜 1 年发生的代数,华北 10 余代,河南 24～28 代,湖南 30 余代,广东 40 代以上。在北方地区和长江流域以卵在桃、杏、梨等树梢腋裂缝处及小枝杈处越冬,翌年 2 月下旬至 3 月下旬开始孵化为干母,在此寄主上繁殖数代后,于 4～5月份开始产生有翅蚜,迁飞到油菜及其他十字花科蔬菜及烟草等其他寄主上危害。秋季有翅蚜大量迁飞至冬油菜田危害,并繁殖多代至晚秋才迁回第一寄主,繁殖数代后,产生有性蚜交尾产卵越冬。在长江流域,也有部分以卵、成蚜或若蚜在油菜、蔬菜心叶里越冬。在广东、云南等温暖地区,则终年以孤雌胎生方式繁殖。发育期在 9.9℃时需 24.5 天,25℃时需 8 天。在 23.1℃～27.6℃,71%～93% 相对湿度下,有翅胎生雌蚜成活期平均 6.5 天,胎生期平均 5 天,胎生蚜量平均 18 头。

甘蓝蚜 1 年发生的代数,在北纬 42°～43°地区 8～9 代,南方温暖地区达 10～20 代。在新疆北部以卵在蔬菜上越冬,翌年 3～4 月份孵化并在越冬寄主上繁殖,然后迁入油菜和蔬菜田,10 月份开始越冬。在云南省等温暖地区,无翅胎生雌蚜可周年危害。无翅胎生雌蚜寿命在 15℃以下时为 33.5 天,15℃～20℃为 31.5 天,20℃～25℃为 21.2 天,25℃以上时为15.2 天,每头雌蚜可产仔 40～50 头,产仔数以 12℃～15℃时最多,日产仔量以 16℃～17℃时最多。

油菜整个生育期都有蚜虫危害,冬油菜区,蚜害盛期在油菜幼苗期,春季油菜开花期也有蚜害,但数量较少,局部地区如云南省油菜花期蚜害十分严重。北方春油菜区,蚜害盛期主要在油菜盛花期。萝卜蚜和甘蓝蚜有趋嫩习性,且不爱活动,主要在嫩叶、菜心和花序幼嫩部危害。萝卜蚜偏嗜有毛寄主和部位,甘蓝蚜却相反。桃蚜爱活动,常在老龄叶背危害。三种蚜虫在蚜群密集,寄主体内含氮、含水量减少或气候条件不适,蚜虫体内含水量降低时,则产生有翅蚜。有翅蚜对不同光波、不同颜色有不同趋性。

4. 发生规律

危害双低油菜的三种蚜虫在不同年份因气候条件的差异,发生数量各有不同,在1年中种群密度随季节而有变化。油菜整个生育期间均有蚜虫寄生,但危害盛期则因地区而异,北方春油菜和春夏兼种油菜区在6~7月份开花结角期最烈;秦岭淮河以北冬油菜区在8~10月份和3~5月份都较严重;长江流域大部分油菜区在9~11月份秋季苗期为主要危害期;云贵高原区在3~5月份花期,蚜害也很严重;华南冬油菜区则以11月至翌年2月份为主要危害期。

危害油菜的虫态主要是无翅胎生雌蚜,其次是有翅胎生雌蚜。无翅蚜的发生量主要受气温、降水、湿度、养分和有翅蚜迁飞量等因素影响。蚜虫繁殖的适宜温度,萝卜蚜为15℃~26℃,桃蚜为24℃左右,甘蓝蚜为20℃~25℃。气温低于5℃或高于30℃对蚜虫均属不利。30℃以上蚜虫死亡率随温度增高和高温持续时间而增高,35℃时经4小时死亡率可达到90%。因而夏季最高气温将影响到秋季蚜虫基数。适于蚜虫生育的相对湿度一般在50%~78%范围内。降水将影响蚜虫的迁飞并致蚜虫大量死亡,气温条件是影响发生量的关键因素。天敌对蚜虫有很大的抑制作用,常见的有蚜茧蜂、异色瓢虫、七星瓢虫、龟纹瓢虫、食蚜蝇、草青蛉等。

油菜田的蚜群,在初始时是由有翅胎生雌蚜产生无翅胎生蚜而建立起来的。有翅蚜迁飞一般发生在油菜苗期和开花结角期。苗期主要是蚜虫从其他寄主迁入油菜田,苗后期还有一部分本田内扩散迁飞。影响有翅蚜迁飞的因素除了蚜源植物上有翅蚜发生量之外,与气象因素关系最为密切。在恒温条件下,萝卜蚜迁飞高峰在 25℃～30℃之间,桃蚜在 20℃～25℃之间,超过 30℃时迁飞量迅速下降,35℃时死亡率达60%以上。在武汉秋季田间自然气温条件下,萝卜蚜和桃蚜在日均温≤8℃或≥26℃时迁飞极少,18℃左右时迁飞最多,较适范围在 14℃～20℃。在气温适宜条件下,降水量和风速对迁飞量影响最大,无雨无风最适迁飞,日降水量达 10 毫米以上或日平均风速达 3.3 米/秒以上迁飞很少。

5. 防治方法

为了有效地消灭蚜害,必须采用综合防治措施。

(1)**药剂防治** 在苗期有蚜株率达 10%,虫口密度为 1～2 头/株,抽薹开花期有 10%的茎枝或花序有蚜虫,每枝有蚜3～5 头时开始喷药。防治次数和期距视农药种类和蚜害程度而定,一般 2～4 次。在蚜虫传播病毒病严重的地区,必须在有翅蚜迁飞前,着重对油菜苗期毒源植物(主要是十字花科蔬菜)上的蚜虫普遍防治。

(2)**黄色板诱杀蚜虫** 秋季油菜播种后,在油菜地边设置黄色板,方法是用 0.33 平方米大小的塑料薄膜,涂成金黄色,再敷 1 层凡士林或机油,然后张架在田间,色板高出地面 0.5米,可以大量诱杀有翅蚜。

（3）选择抗虫品种　选用抗蚜虫及病毒病发生较轻的品种。国外研究表明，芸薹属植物组织中抗坏血酸和硫代葡萄糖苷含量高的，抗蚜性也较强。

（4）生物防治　要注意保护天敌，使之在田间的数量保持在总蚜量的 1% 以上，蚜茧蜂、草青蛉、食蚜蝇以及多种瓢虫等是田间蚜虫的重要天敌。

（七）菜 粉 蝶

菜粉蝶又名菜青虫、菜白蝶、白粉蝶，属鳞翅目粉蝶科。

1. 分布与危害

全国各油菜产区均有分布，除广东、台湾等省危害较轻外，其他各地均较严重。主要在双低油菜苗期危害，以幼虫取食叶片，咬成孔洞和缺刻，严重时将全叶肉吃光，仅余主脉和叶柄，致使油菜苗死亡，在危害的同时还可传播软腐病，加重对油菜的危害。主要取食十字花科植物，偏嗜甘蓝类蔬菜和甘蓝型油菜，其次为白菜、萝卜等，已知寄生植物有 9 科 35 种。

2. 形态特征

成虫体长 10～20 毫米，翅展 45～55 毫米。雄虫身体乳白色，雌虫为淡黄色。体色和体型大小四季稍有差异。头、胸部黑色，复眼深褐色。翅白色，基部灰黑色，翅顶部深黑色，下方有 2 个黑色斑纹。腹部狭长，有 7 节，与翅色相同。

卵瓶形，长 1 毫米，宽 0.4 毫米。初为淡黄色，后变为橙黄色。表面有较规则的纵横隆起纹，形成长方形网状小格。

老熟幼虫长 28～35 毫米。头、胸部背面青绿色，背绒黄色。胸部圆筒形,中部稍膨大。各节气门线以上部分密生细长瘤,气门褐色,每节气门线上有 2 个黄斑,一为环状,围绕气门,另一个在气门后方。

蛹纺锤形,两端尖细,背线稍隆起,头部前端中央有一管状突起。体长 18～21 毫米。蛹色随附着物不同而有差异,一般附着在菜叶上化蛹者常为浅绿色或灰绿色,附着在墙壁或树干上化蛹者,常为灰黄色或暗绿色。

3. 生活习性

1 年发生 3～9 代,自北向南世代数逐渐增多,黑龙江 3～4 代,辽宁、河北 4～5 代,上海 5～6 代,成都 8 代,武汉、长沙 8～9 代,但广西 1 年仅 7～8 代。有世代重叠现象。

秋季以蛹在菜园地附近干燥向阳的屋墙、篱笆、树枝、树枝落叶及土缝等处越冬。越冬期蛹裸露,可耐受 $-32℃$～$-50℃$ 的低温。翌年 3 月前羽化为成虫,南北各地羽化时间可相差 2 个月左右,同一地区成虫出现期也可相差 1 月有余。成虫于晴天白昼活动,常飞翔于蜜源和产卵寄主之间。其寿命 2～5 周,产卵期 2～6 天,每雌虫可产卵 10～100 余粒,散产于新叶片正、反两面,含芥酸和硫苷的植物如甘蓝等最易吸引成虫产卵和幼虫觅食。武汉地区越冬蛹于 3 月上旬羽化为成虫,各代幼虫危害盛期:第一代 4 月中、下旬,第二代 5 月下旬至 6 月上旬,第三代 9 月下旬至 10 月上旬,第四代 10 月中旬至 11 月上旬,11 月上、中旬开始化蛹越冬。卵的发育起点温度为 8.4℃,卵期 3～8 天,有效积温 56.4℃;幼虫发育起点温度为 6℃,有效积温 217℃。在 20℃～22℃ 下幼虫期为 14～16 天。蛹发育起点温度为 7℃,有效积温 150℃,气温 20℃ 时,蛹期 5～14 天。菜粉蝶整个发育期的有效积温为 423.5℃。在武汉危害油菜主要是1～2代(4～5月份)和7～9代,秋季世代正逢油菜苗期,发生普遍危害现象;春季世代处于油菜开花结果期,发生较少,危害较轻。幼虫的适宜温度范围为16℃～31℃,以25℃左右最适。相对湿度为68%～86%,以76%左右为最适。

4. 防治方法

(1)化学防治　油菜出苗后应注意检查虫情,掌握在产卵高峰后1周左右,幼虫在3龄以前施药。

(2)生物防治　杀螟杆菌或青虫菌粉(每克含活孢子数100亿以上),稀释2 000～3 000倍,并按药量0.1%加肥皂粉或茶枯粉等黏着剂,因药效迟,使用期宜较化学农药提前数天。

(3)保护天敌　在天敌发生期少用广谱性、残效期长的化学农药。人工释放粉蝶金小蜂、绒茧蜂等寄生蜂。

(4)清洁田园　清除油菜田及附近蔬菜地的残株落叶及杂草,集中沤肥或烧毁,以杀死幼虫和蛹。冬季清扫菜园附近屋墙、篱笆等处的残渣以减少越冬蛹。

(八)黄曲条跳甲

1. 分布与危害

危害油菜的黄条跳甲种类很多,有黄曲条跳甲、黄窄条跳甲、土库曼跳甲、芜菁淡足跳甲和十字花科蓝跳甲等。以黄曲条跳甲危害较重,除个别省外,各地均有发生,以秦岭、淮河以北冬油菜区受害最重。成虫群集啃食叶片,吃成若干孔洞甚至全叶被食光,可致油菜枯死。幼虫在土内啃食根部皮层,也可咬断须根,使地上部发黄、萎蔫死亡。还可传播软腐病。寄生范围有 8 科 19 种,主要危害十字花科作物。

2. 形态特征

成虫黑色,有光泽,体长 1.8～2.4 毫米。触角 11 节,第五节较长,第一二或第二三节棕黄色,其他为黑色。每鞘翅上有 1 条弯曲的黄色纵条纹,条纹外侧凹曲很深。卵椭圆形,长 0.3 毫米左右,淡黄色。

老熟幼虫体长 4 毫米,圆筒形,头部淡褐色,胸腹部黄白色,前胸盾板和腹末臀板淡褐色。胸腹部疏生黑色短刚毛,末节腹面有一乳头状突起。蛹长椭圆形,长约 2 毫米,乳白色,腹末有一叉状突起。

3. 生活习性

各地世代数不同,从北向南逐渐增多,黑龙江 2～3 代,山东、河北 3～4 代,宁夏 4～5 代,武汉、上海 3～4 代,江西 5～7 代,广州 7～13 代。有世代重叠现象。在华南油菜区无越冬现象。在长江流域油菜区及其以北地区,以成虫在地面寄主基叶、残枝落叶、杂草丛中越冬。翌年春季气温至 10℃左右时又开始活动。

成虫有趋光性,多在晴天白昼活动,善于跳跃,夜晚多藏于叶背或土块下,喜食十字花科植物叶片,抗寒力强。成虫产卵量不一,第一、第二代约 25 粒,越冬代可产 600 余粒。卵散产于植株主根周围 3 厘米范围内的湿润土隙中或细根上,多在 1 厘米深处。卵的发育起点温度为 12℃,最适 26℃,卵孵化要求相对湿度达到 100%,否则不能孵化或延迟孵化。卵期

3～9 天,长者达 15 天。幼虫和蛹发育起点温度为 11℃,幼虫发育适温为 24℃～28℃,幼虫期 11～16 天,最长达 20 天。幼虫孵化后取食幼根。蛹期 3～17 天。

4. 发生规律

冬油菜区秋季油菜受害较重,春油菜区春、夏季油菜受害较重。10℃以上,温度越高,发生越猖獗。但超过 34℃,食量剧减,入土蛰伏。成虫、幼虫危害以少雨、干燥的环境条件为宜,但卵的孵化必须有很高的湿度。广种十字花科作物的地区或油菜、十字花科蔬菜连作地,由于虫源多,危害较重。

5. 防治方法

(1)药剂防治　油菜出苗后,产卵前防治效果最好。

(2)农业防治　播前和越冬期清除田间杂草、枯叶,与非十字花科作物轮作,播前深耕或灌水,幼虫危害严重时灌水或勤浇水,苗期增施肥料,促进幼苗生长健壮。

附　　录

附录1　中华人民共和国农业行业标准
低芥酸低硫苷油菜种子
NY　414—2000

1　范　围

本标准规定了非杂交低芥酸低硫苷油菜育种家种子、原种、良种种子和杂交低芥酸低硫苷油菜种子的定义、质量指标、检测方法、检验规程、等级判定规程和标志、包装、运输、储存要求。

本标准适用于商品经营的低芥酸低硫苷油菜子，也适用于科研和教学育种单位及种子经营部门按要求繁殖的低芥酸低硫苷油菜种子、生产单位自用的低芥酸低硫苷油菜种子、科研教学育种单位及个人育成并经审定合格的低芥酸低硫苷油菜种子。本标准不适用于非低芥酸低硫苷油菜种子，也不适用于单低（低芥酸或低硫苷）油菜种子和油菜备荒种子。

2　引用标准

下列标准所包含的条文，通过在本标准中引用而构成为本标准的条文。本标准出版时，所示版本均为有效。所有标准都会被修订，使用本标准的各方应探讨使用下列标准最新版本的可能性。

GB/T3543.2—1995 农作物种子检验规程 扦样

GB/T3543.3—1995 农作物种子检验规程 净度分析

GB/T3543.4—1995 农作物种子检验规程 发芽试验

GB/T3543.5—1995 农作物种子检验规程 真实性和品种纯度鉴定

GB/T3543.6—1995 农作物种子检验规程 水分测定

NY/T91—1988 油菜籽中油的芥酸的测定气相色谱法（原GB10219—1988）

ISO9167—1:1992 油菜籽中硫代葡萄糖苷含量测定 高效液相色谱法

3 定 义

本标准采用下列定义。

3.1 非杂交油菜育种家种子

育种家育成的遗传性状稳定一致品种的、由育种家提供的高纯度种子。

3.2 原 种

用非杂交油菜育种家种子繁殖或按原种生产技术规程生产的达到原种质量标准的种子。

3.3 良 种

用原种繁殖的第一至第三代种子。

3.4 杂交油菜种子

用三系（或两系等）杂交法生产的达到良种质量标准的种子。

3.5 芥 酸

油菜种子的油中所含的顺 $\triangle^{13}$ 二十二碳一烯酸，以占脂肪酸组成的百分率表示。杂交油菜种子芥酸以 F_2 代芥酸含量表示。

3.6 硫 苷

油菜种子中所含硫代葡萄糖苷（简称硫苷），以每克饼粕

(水分含量 8.5％)中所含硫苷总量微摩尔数表示。杂交油菜种子硫苷以 F_2 代硫苷含量和亲本苷含量平均值表示。

4 质量指标

4.1 分级指标见表1。

表 1 低芥酸低硫苷油菜种子质量指标

种子级别		芥酸 % 不高于	硫苷 μmol/g 饼 不高于		纯度 % 不低于	净度 % 不低于	发芽率 % 不低于	水分 % 不高于
			质量指标					
杂交油菜种子	一级 二级	2.00	F_2 代 40.00	亲本平均值 30.00	90.0 83.0	97.0	80	9.0
非杂交油菜育种家种子		0.50	25.00		99.9	99.5	96	9.0
原 种		0.50	30.00		99.0	98.0	90	9.0
良 种		1.00	30.00		95.0	98.0	90	9.0

4.2 植物检疫项目符合国家有关规定。

5 检验方法

5.1 种子样品的扦样、分析

按 GB/T3543.2 执行。

5.2 净度分析

按 BG/T3543.3 执行。

5.3 发芽试验

按 GB/T3543.4 执行。

5.4 真实性和品种纯度鉴定

按 GB/T3543.5 执行。

5.5 水分测定

按 GB/T3543.6 执行。

5.6 种子中油的芥酸含量测定

按 NY/T91 执行。

5.7 种子中硫苷含量测定

按 ISO9167-1 执行,国家标准方法发布后按国家标准方法执行,结果表示以 μmol/g,8.5%水分饼粕计算。

6 检验规程

6.1 按 GB/T3543.2 扦样、分样,其中一份封签后留作仲裁检验,另一份用于检验。每份样品的重量应满足本标准表1中所列6项检验指标所需量。

6.2 检验结束后填写"低芥酸低硫苷油菜种子检验结果单",其格式见附录 A。

6.3 检验结论按本标准第7章判定种子等级。

7 种子等级判别规程

7.1 确认主要定级标准项级别

低芥酸低硫苷油菜种子分级以芥酸含量、硫苷含量、品种纯度等三项指标为主要划分依据,以最低一项或两项所在等级为主要定级标准项级别。

7.2 在主要定级标准项级别确认后,按下列规程确定种子等级

凡净度、发芽率两项中的一项比主要定级标准项级别低一级;两项中无论一项或两项高于主要定级标准项级别的,都按主要定级标准项级别确定种子等级。

凡净度、发芽率两项比主要定级标准项级别低一级;两项中的一项与主要定级标准项同级,另一项比主要定级标准项级别低两级;两项中的一项比主要定级标准项级别低一级,另一项比主要定级标准级别低两级，都按主要定级标准项所在级别降低一级确定种子等级。

凡净度、发芽率两项都比主要定级标准项级别低两级的，按主要定级标准项等级降低两级确定种子等级，但两项均不得低于其最低级标准。

8 标志、包装、运输、储存

8.1 标志

各类种子均应有标志，包括种子名称、净重、质量等级、生产日期、标准编号、供种单位及地址、使用说明、储存要求及检验结果单的字号等。

8.2 包装

育种家种子根据数量包装，储存在干燥器中。原种和良种采用塑料袋或牛皮纸袋包装，分 0.1kg、0.5kg、1kg、2kg 等规格。

8.3 运输

用纸箱包装好后运输，每箱重 20kg 或其他规格。

8.4 储存

储存在通风干燥的地方，注意防潮、防虫、防鼠。

附录2 中华人民共和国农业行业标准
低芥酸低硫苷油菜籽
NY/T 415—2000

1 范围

本标准规定了低芥酸低硫苷油菜籽的定义、质量指标、检测方法、判定规则及包装、运输、储存要求。

本标准适用于经品质改良后的甘蓝型、白菜型、芥菜型商品油菜籽的生产、收购、加工及市场营销。本标准不适用于育种单位低芥酸低硫苷油菜品种选育的质量评价,也不适用于低芥酸低硫苷油菜种子。

2 引用标准

下列标准所包含的条文,通过在本标准中引用而构成为本标准的条文。本标准出版时,所示版本均为有效。所有标准都会被修订,使用本标准的各方应探讨使用下列标准最新版本的可能性。

GB/T11762—1989 油菜籽

GB5491—1985 粮食、油料检验 扦样、分样法

GB/T5792—1984 粮食、油料检验 色泽、气味、口味鉴定法

GB/T5494—1985 粮食、油料检验 杂质、不完善粒检验法

GB/T5497—1985 粮食、油料检验 水分测定法

GB/T5512—1985 粮食、油料检验 粗脂肪测定法

GB10219—1988 油菜籽中油的芥酸的测定 气相色谱法

ISO9167—1:1992 油菜籽中硫代葡萄糖苷含量测定 高

效液相色谱法

3 定 义

本标准采用下列定义。

3.1 含油量

油菜籽中粗脂肪含量分率[见 GB/T11762－1989 中 3.1]。

3.2 芥 酸

油菜种子的油中所含的顺$\triangle^{13}$二十二碳一烯酸,以占脂肪酸组成的百分率表示。

3.3 硫 苷

油菜种子中所含硫代葡萄糖苷(简称硫苷),以每克饼粕(水分含量 8.5%)中所含硫苷总量微摩尔数表示。

3.4 低芥酸

油菜籽中的芥酸含量≤5%。

3.5 低硫苷

油菜籽中硫苷含量≤45.00μmol/g 饼。

3.6 杂 质

通过规定筛层和无制油价值的物质,包括下列几种:

3.6.1 筛下物

通过直径 1.0mm 圆孔筛的物质。

3.6.2 有机杂质

无制油价值的油菜籽、异种粮粒和其他油料种子以及其他有机物质。

3.7 霉变粒

粒面有霉、子叶变色、变质的颗粒。

3.8 色泽、气味

一批油菜籽的综合色泽和气味。

4 质量指标

4.1 低芥酸低硫苷油菜籽以含油量、芥酸含量和硫苷含量三项质量指标为等级划分依据,以三项中最低等级项确定等级,但芥酸含量不得高于 5.00%,硫苷含量不得超过 45.00μmol/g 饼。质量指标见表 1。

表 1 质量分级指标

等 级	含油量 (以标准水杂计), %不低于	芥 酸 % 不高于	硫 苷 微摩尔/克 饼不高于	杂 质 % 不高于	水 分 % 不高于	色泽、气味
1	40.0	3.00	35.00			
2	39.0					
3	38.0	5.00	45.0	3.0	8.0	正 常
4	36.0					
5	34.0					

4.2 霉变粒限度为 2%。

4.3 卫生指标应符合国家有关规定。

4.4 植物检疫项目应符合国家有关规定。

5 检验方法

5.1 低芥酸低硫苷油菜籽的抽样、分析按 GB5491 执行。

5.2 低芥酸低硫苷油菜籽的测定按 GB/T5512 执行。

5.3 低芥酸低硫苷油菜籽中油的芥酸含量的测定按 GB10219 执行。

5.4 低芥酸低硫苷油菜籽中硫苷含量的测定采用 ISO9167−1,国家标准方法发布后按国家标准方法执行。

5.5　低芥酸低硫苷油菜籽杂质检验按 GB/T5494 执行。

5.6　低芥酸低硫苷油菜籽色泽、气味鉴定按 GB/T5492 执行。

6　检验规程

6.1　只有且必须同一受检的油菜籽样品同时符合本标准 3.4 和 3.5 规定的定义内容,才能对该油菜籽样品冠称以低芥酸低硫苷油菜籽,按本标准 4.1 划分确定等级。

6.2　同一个受检的油菜籽样品只符合本标准 3.4 或 3.5 规定的定义内容之一;或两项均不符合 3.4 或 3.5 的定义内容,均不能冠称以低芥酸低硫苷油菜籽,也不能按本标准划分确定等级。

7　包装、运输和储存

7.1　低芥酸低硫苷油菜籽的包装应符合相关国家标准的要求。

7.2　低芥酸低硫苷油菜籽的运输、储存必须符合运输安全和分级储存的要求,严防污染。

附录3 中华人民共和国农业行业标准
低芥酸菜籽油
NY/T 416—2000

1 范　围

本标准规定了低芥酸菜籽油的技术要求、检验方法、检验规则、包装、运输、储存要求。

本标准适用于以低芥酸油菜籽或低芥酸低硫苷油菜籽为原料制成的食用菜籽油的市场流通、收购、销售、调拨、储存、加工和出口。

2　引用标准

下列标准所包含的条文，通过在本标准中引用而构成为本标准的条文。本标准出版时，所示版本均为有效。所有标准都会被修订，使用本标准的各方应探讨使用下列标准最新版本的可能性。

GB/T5009.1—1996 食品中总砷的测定方法

GB/T5009.27—1996 食品中苯并(a)芘的测定方法

GB/T5009.37—1996 食用植物油卫生标准的分析方法

GB/T5524—1985 植物油脂检验抽样、分样法

GB/T5525—1985 植物油脂检验透明度、色泽、气味、滋味鉴定法

GB/T5526—1985 植物油脂检验比重测定法

GB/T5527—1985 植物油脂检验折光指数测定法

GB/T5528—1985 植物油脂水分及挥发物含量测定法

GB/T5529—1985 植物油脂检验杂质测定法

GB/T5530—1998 动植物油脂酸价和酸度的测定

GB/T5531—1985 植物油脂检验加热试验

GB/T5538—1985 油脂过氧化值测定

GB10219—1988 油菜籽中油的芥酸的测定 气相色谱法

3 定 义

本标准采用下列定义。

3.1 芥 酸

油菜种子的油中所含的顺 $\triangle^{13}$ 二十二碳一烯酸，以占脂肪酸组成的百分率表示。

3.2 低芥酸油菜籽

油菜籽中油的芥酸含量≤5.00%。

4 质量指标

4.1 感官指标

具有正常低芥酸菜籽油的色泽、透明度、气味和滋味，无焦臭、酸败及其他异味。

4.2 低芥酸菜籽油必须有下列特征指标：

a)折光指数(20℃)：1.4705～1.4750；

b)密度(20/4℃)：0.9150～0.9205；

c)芥酸：不高于脂肪酸组成的5%(m/m)；

d)采用气相色谱法分析的脂肪酸组成范围(见表1)。

表1 脂肪酸组成范围 （%）

成分	C14:0	C16:0	C16:1	C18:0	C18:1	C18:2	C18:3	C20:0	C20:1	C22:0	C22:1	C24:0
含量	<0.2	2.5～6.0	<0.6	0.9～2.1	50～66	18～30	6～14	0.1～1.2	0.1～4.3	<0.5	<0.5	<0.2

4.3 质量指标

分级指标见表2。

表 2 质量分级指标

项　目	一　级	二　级
色泽(罗维朋比色计25.4毫米槽)≤	Y35　R4	Y35　R7
气味、滋味	具有低芥酸菜籽油固有的气味和滋味,无异味	
酸价,KOH 毫克/克≤	1.0	4.0
水分及挥发物,%≤	0.10	0.20
杂质,%≤	0.10	0.20
加热试验(280℃)	油色不得变深,无析出物	油色允许变深,但不得变黑,允许有微量析出物
含皂量,5≤	0.03	—

4.4 各级低芥酸菜籽油不得混有其他食用油和非食用油。

4.5 各级低芥酸菜籽油必须符合卫生指标(见表 3)。

表 3 各级低芥酸菜籽油卫生指标

项　目	指　标
过氧化值,毫摩/千克	≤6
羰基价,毫摩/千克	≤20
浸出油溶剂残留量,毫克/千克	≤50
砷(以 As 计),毫克/千克	≤0.1
苯并(a)芘,微克/千克	≤10

注:砷、苯并(a)芘为非必检项目

4.6 动植物检疫项目按国家有关规定执行。

5　检验方法

5.1　抽样、分析按 GB/T5524 规定的方法进行。

5.2　感官指标检验按 GB/T5525 规定的方法进行。

5.3　折光指数测定按 GB/T5527 规定的方法进行。

5.4　密度测定按 GB/T5526 规定的方法进行。

5.5　水分及挥发物测定按 GB/T5528 规定的方法进行。

5.6　杂质测定按 GB/T5529 规定的方法进行。

5.7　加热试验测定按 GB/T5531 规定的方法进行。

5.8　芥酸、脂肪酸测定按 GB10219 规定的方法进行。

5.9　酸价测定按 GB/T5530 规定的方法进行。

5.10　过氧化值测定按 GB/T5538 规定的方法进行。

5.11　羰基价测定按 GB/T5009.37 规定的方法进行。

5.12　浸出油溶剂残留量测定按 GB/T5009.37 规定的方法进行。

5.13　砷测定按 GB/T5009.11 规定的方法进行。

5.14　苯并（a）芘测定按 GB/T5009.27 规定的方法进行。

6　检验规程

6.1　同一班次、同一条生产线的包装完好的产品为一批次。

6.2　每批产品应由质检部门按本标准检验合格、签发合格证后方可出厂。

6.3　产品分出厂检验和型式检验,出厂检验项目为特征指标、感官指标、质量指标、卫生指标中的过氧化值,型式检验项目为标准第 4 章全部项目。

6.4　型式检验项目在下列情况之一时进行:

a)新产品投产前;

b)停产半年以上再生产时;

c)工艺、原材料等方面有重大改变时;

d)连续生产时,每年不少于 2 次;

e)国家质量监督机构提出进行型式检验的要求。

6.5 检验结果中如有不合格时,可加倍抽样对不合格项目进行复检,如复检结果仍不合格,则判产品为不合格产品。

6.6 当供需双方对产品质量有异议时,可共同协商委托质检机构进行仲裁检验。

7 包装、运输、储存

7.1 包 装

采用符合食品卫生要求的玻璃、塑料油桶或金属油桶,油桶量大包装容量为 180kg。

7.2 运 输

以槽车或油轮散装运输时,运输工具必须清洁卫生,防止日晒、雨淋,不得与有污染、有毒害物质混运。装卸时要轻拿轻放。

7.3 储 存

产品应储存清洁、干净的容器内,严禁露天存放及日晒雨淋,储存仓库温度不得高于 40℃,室外大容量储存罐应采取降温、满罐和充气储存技术。

在上述包装运输储存条件下,保存期为 18 个月。

附录4 中华人民共和国农业行业标准 饲料用低硫苷菜籽饼(粕) NY/T 417—2000

1 范 围

本标准规定了饲料用低硫苷菜籽饼(粕)定义、质量指标、检测方法及分级标准和包装、运输与储存要求。

本标准适用于以低硫苷油菜籽压榨取油后的饲料和预榨一浸出取油后的饲料用菜籽粕。本标准不适用于非饲料用菜籽饼(粕)。也不适用于经脱毒后的普通菜籽饼(粕)。

2 引用标准

下列标准所包含的条文,通过在本标准中引用而构成为本标准的条文。本标准出版时,所示版本均为有效。所有标准都会被修订,使用本标准的各方应探讨使用下列标准最新版本的可能性。

GB/T6432—1994 饲料中粗蛋白测定方法

GB/T6433—1994 饲料中粗脂肪测定方法

GB/T6434—1994 饲料中粗纤维测定方法

GB/T6438—1992 饲料中粗灰分的测定方法

GB13078—1991 饲料卫生标准

GB/T13087—1991 饲料中异硫氰酸酯的测定方法

GB/T13089—1991 饲料中恶唑烷酮的测定方法

3 定 义

本标准采用下列定义。

3.1 硫 苷

油菜籽中所含硫代葡萄糖苷(简称硫苷),以每克饼粕(水分含量 8.5%)中所含硫苷总量微摩尔数表示。

3.2 异硫氰酸酯、恶唑烷硫酮

硫苷降解产物,分别简称 ITC、OZT,具有一定毒性。以每千克干基饼粕中所含的毫克数表示。

3.3 低硫苷油菜籽

油菜籽饼中硫苷含量≤45.00μmol/g。

4 感官性状

褐色或浅褐色,小瓦片状、片状或饼状、粗粉状,具有低硫苷菜籽饼(粕)香味,无溶剂味,引爆试验合格,不焦不糊,无发酵、霉变、结块。

5 质量指标及分级标准

5.1 以异硫氰酸酯(ITC)和恶唑烷硫酮(OZT)、粗蛋白质、粗纤维、粗灰分及粗脂肪为质量控制指标,按粗蛋白质含量分为三级(见表1)。

表 1 低硫苷饲料用菜籽饼(粕)质量标准

质量指标	产品名称	低硫苷菜籽饼			低硫苷菜籽粕		
		一级	二级	三级	一级	二级	三级
ITC+OZT,mg/kg	≤	4000	4000	4000	4000	4000	4000
粗蛋白质,%	≥	37.0	34.0	30.0	40.0	37.0	33.0
粗纤维,%	<	14.0	14.0	14.0	14.0	14.0	14.0
粗灰分,%	<	12.0	12.0	12.0	8.0	8.0	8.0
粗脂肪,%	<	10.0	10.0	10.0	—	—	—

5.2 ITC+OZT 质量指标含量以饼(粕)干重为基础计算,其余各项质量指标含量均以 88% 干物质为基础计算。

5.3 五项质量指标必须全部符合相应等级的规定。

5.4 水分含量不超过 12.0%。

5.5 不得掺加饲料用低硫苷菜籽饼(粕)以外的夹杂物质。加入抗氧化剂、防毒剂等添加剂时,应做相应的说明。

5.6 二级饲料用菜籽饼(粕)为中等质量,低于三级者为等外品,不适于作饲料用。

6 卫生标准

应符合 GB13078 的规定。

7 检验方法

7.1 低硫苷饼(粕)中异硫氰酸酯的测定按照 GB/T13087 执行。

7.2 低硫苷饼(粕)中恶唑烷硫酮的测定按照 GB/T13089 执行。

7.3 低硫苷饼(粕)中粗蛋白的测定按 GB/T6432 执行。

7.4 低硫苷饼(粕)中粗脂肪的测定按 GB/T6433 执行。

7.5 低硫苷饼(粕)中粗纤维的测定按 GB/T6434 执行。

7.6 低硫苷饼(粕)中粗灰分的测定按 GB/T6438 执行。

8 包装、运输和储存

饲料用低硫苷菜籽饼(粕)的包装、运输和储存,必须符合保质、保量、运输安全和分类、分级储存的要求,严防污染。